U0190451

博士论丛

农户收入视角下
稻作制度选择研究

Study on the Selection of Rice Cultivation System
from the Perspective of Farmers' Income

王全忠　著

中国科学技术大学出版社

内 容 简 介

本书是国家自然科学基金项目"稻作制度选择、农户收入与国家粮食安全——以长江流域双季稻区为例(71473121)"的部分成果,站在农户家庭收入的视角,从多个方面追溯了农户稻作制度选择变化的原因,系统地阐述了影响农户稻作制度选择的机制和程度,对于分析中国长江流域水稻种植制度变迁历史和演化趋势,具有重要的理论参考意义。

图书在版编目(CIP)数据

农户收入视角下稻作制度选择研究/王全忠著. —合肥:中国科学技术大学出版社,2020.2

ISBN 978-7-312-04464-9

Ⅰ.农…　Ⅱ.王…　Ⅲ.水稻栽培—种植制度—研究—中国　Ⅳ.S511

中国版本图书馆 CIP 数据核字(2018)第 124956 号

出版	中国科学技术大学出版社 安徽省合肥市金寨路 96 号,230026 http://press.ustc.edu.cn https://zgkxjsdxcbs.tmall.com
印刷	合肥华苑印刷包装有限公司
发行	中国科学技术大学出版社
经销	全国新华书店
开本	710 mm×1000 mm　1/16
印张	8.5
字数	171 千
版次	2020 年 2 月第 1 版
印次	2020 年 2 月第 1 次印刷
定价	35.00 元

前 言

PREFACE

　　本书所讲述的主题是农户的稻作制度选择,直白地说,就是长江流域稻作区农户关于单双季水稻的选择问题。长江流域单双季稻作区是中国重要的水稻主产区,耕地、光、水与热力资源分布决定了该地区农户多数执行一年二熟的农业耕种模式,其中,"稻+稻"复种一直以来是农户针对大田农作物而选择的主要种植模式。同时,我们在研究气候变化与水稻产量波动的关系时发现,相关的气候情境模拟和卫星遥感观测等技术的使用,基本指出了气候变暖会导致水稻种植北界的移动和双季稻适宜种植区的扩大。从水稻耕种的传统与理论上来说,双季稻种植区的面积扩增暗示出双季稻的种植面积应该呈现出增长趋势,但与我们想象的完全不同的是,现实中长江流域稻作区农户的双季稻种植意愿和规模均在不断缩减。上述理论与实践的偏差,带来了一个直接的问题,即农户双季稻种植缩减的根本原因是什么?

　　现有的研究资料从多个角度追溯了农户稻作制度选择变化的原因,其中劳动力配置和农户收入两大因素备受关注。一方面,中国城市经济社会的快速发展,导致了大批具备比较优势的优质劳动力离开农村和农业生产,农忙时节自家"劳动力不够""劳动力年纪太大"或雇工困难是很多农户稻作制度选择的主要顾忌。另一方面,具有相对较高收益的水稻替代作物种植或非农就业活动,导致农户家庭的生产资源和劳动配置发生变化,引发了农户降低水稻生产上的劳动投入或者调整了水稻生产决策。需要注意的是,由于农业生产传统、非农就业机会的多寡和双季稻的稳定收益及生产风险规避等因素,提高单位耕地的产出水平仍是长江流域农户收入增长的重要途径之一。为了适应农业生产上要素配置的巨大变化和发挥长江流域作为"中国大米带"的生产优势,中国各级政府从保障农户种稻收益的政策入手,千方百计稳定双季稻核心产区的种植面积,同时加大推进农业机械化水平和服务,以期来释放水稻生产上的劳动力约束,为从事其他农作物种植或非农就业创造条件。

长江流域稻作区的经济社会发展快、城乡差异大、人口密集,而且农户多以小农经营为主,外界经济环境的拉动力与农户自身的追求收入增长的目标相结合,共同决定了农户稻作制度选择的演变方向。那么,长江流域单双季稻作区内的农户稻作制度选择的演变方向是什么? 从农户收入视角来看,影响稻作制度选择的原因是什么?

本书立足于长江流域单双季稻作区的湘、鄂、赣、皖四省,使用 2004～2010年农村固定观察点的追踪数据,分析在中国粮食恢复性增产和农业机械化推行初期的特定环境背景中,农户追求收入最大化目标下,家庭种植结构变化、非农就业与农机服务对农户稻作制度选择的作用机理和影响程度。具体的安排如下:

第一部分是背景与文献综述。其中,第 1 章主要阐述了研究背景与问题、数据来源及使用说明。第 2 章是文献综述与相关理论基础。首先,文献综述部分介绍了长江流域稻作的种植业耕作制度,农户家庭种植的主要农作物品种、熟制和变化趋势;其次,该章节梳理了农户稻作制度选择的历史演变趋势;最后,从劳动力要素、农机服务发展与农户收入 3 个视角,阐述了这些因素对农户稻作制度选择变化的作用关系和影响。相关理论基础主要陈述了家庭劳动分工理论和劳动节约型技术诱发理论。

第二部分是分析框架与统计性描述。其中,第 3 章是分析框架、研究假说与关键指标说明,该章节首先概述了农户种植结构变化与稻作制度选择之间的关系,及可能涉及的农户决策与村庄农业生产行为之间的交互影响;其次,阐述了农户非农收入、稻作制度选择和农机服务之间的影响机理;再次,阐述农机服务对水稻生产的劳动要素替代程度与收入效应分析;最后,结合农村固定观察点数据的指标体系与实证研究指标设计,阐述如何识别农户单双季水稻种植模式、家庭种植结构变化、农机服务程度与非农收入(及非农就业程度)4 个关键指标的定义说明。第 4 章是样本数据的统计描述。利用长期追踪数据,揭示农户稻作制度选择上的演变方向和趋势,统计分析农户家庭农作物组合模式下的成本收益、种植面积与户数比例等方面的变化趋势,并关注农户稻作制度选择是否存在耕地规模上的分化。统计比较不同稻作制度选择下的水稻收入、净收益和成本构成等方面的变化趋势。进一步依据收入结构差异,对比分析不同稻作制度选择下的农户家庭收入和非农收入的变化趋势。

第三部分是实证分析,依次是本书的第5、6、7章,所述内容主要包含3个方面:一是种植结构变化对稻作制度选择的影响研究,即通过对比农户不同稻作组合模式的亩[①]均收入和净收益差异,揭示了水稻替代作物的收益变化与稻作制度选择之间的关联性,实证分析农户种植结构变化对稻作制度选择的影响程度,同时考虑农户自身决策与村庄农业生产行为之间的交互影响,尝试性地进行农户水稻生产决策的独立性检验;二是非农就业对稻作制度选择的影响研究,即考虑到农机服务发展对农户家庭劳动力配置决策具有的影响关系,使用联立方程组模型分析农户家庭非农收入、稻作制度选择和农机服务之间的相互反馈机理和影响程度;三是农机服务对稻作制度选择的影响研究,即测算农机服务对不同稻作制度选择的劳动要素替代程度和收入效应,实证分析农机服务对稻作制度选择的影响程度。

第四部分是对全书的总结,即第8章。这部分对本书的研究结论进行了概述,并提出长江流域单双季稻作区促进农户稻作制度选择的政策建议和实施途径。

在本书即将出版之际,我要衷心感谢安庆师范大学经济与管理学院的杨国才教授,杨教授对本书的出版给予了积极关注,以及对出版资金提供了全额资助。感谢中国科学技术大学出版社为本书顺利出版给予的帮助和支持。

本书为国家自然科学基金项目"稻作制度选择、农户收入与国家粮食安全——长江流域双季稻区为例"(71473121)的阶段性成果之一,同时得到国家社会科学重大项目"农产品安全、气候变暖与农业生产转型研究"(13&ZD160)和中央高校基本科研业务费南京农业大学人文社科基金产业经济岗位培育项目"中国水稻(粮食作物)产业发展政策研究"(SKGW2014002)的资助。

王全忠

2019 年 3 月 22 日

---

① 　1亩约等于666.7平方米。因本书部分引用相关统计数据以亩为单位,故本书未做统一换算。下同。

目 录
CONTENTS

第1章 导 论

1.1 研究背景与问题

长江流域[1]单双季稻作区是中国重要的水稻产区,耕地、光、水与热力资源分布决定了该地区农户多数执行一年二熟的农业耕种模式,其中"稻＋稻"复种一直是农户针对大田作物而选择的主要耕种模式之一。然而,当前长江流域单双季稻作区内农业生产的外部环境正在发生巨大的变化,在快速发展的城镇化、工业化和市场化的浪潮下,农村劳动力的"择优转移"使粮食生产者呈现老龄化、兼业化和粮食稳增产政策激励等现象交织(庞丽华等,2003;吴海盛,2008;田玉军等,2010;薛福根等,2013;王跃梅等,2014),致使该地区内农户的稻作制度选择存在多种演变方向[2]的不确定性。这其中关于农户水稻复种指数下降、双季稻种植面积减少以及稻田改制等倾向明显的现象进入公众视野,并引起了持续的关注(闫惠敏等,2005;尹昌斌等,2003;杨万江等,2013)。据相关资料显示,20世纪70年代中期以来,中国水稻种植面积中,双季稻比例持续下降,从当时的71％下降到近年的40％左右(朱德峰等,2013)。辛良杰等(2009)也测算出,1998～2006年间中国双季稻区至少有174.4万公顷的双季稻改为单季稻,造成水稻播种面积、稻谷与粮食总产量分别减少了13％、5.4％和2％。上述农户稻作制度选择由复杂向简单的演变,将降低长江流域作为"中国大米带"的生产优势,还可能对地区粮食供给安全和资

---

① 长江流域面积为180万平方千米,约占中国陆地面积的1/5,人口为3.4亿,约占中国人口的1/3,耕地面积约占中国的1/4。长江流域是中国重要的工农业生产基地,工农业总产值占中国的40％左右,农作物产量占44％,其中稻谷产量约占中国的70％(杨林章等,1998)。

② 现有文献资料基本单一性地传递出农户稻作制度选择上的"双改单"现象,而忽略了实际生产中农户关于稻作制度选择变化的多样性,这可能的原因:一是宏观统计资料上,关于早、中、晚稻播种面积的相对变化暗示出"双改单"是主流方向,从而忽略了对其他演变方向的关注;二是现行文献多数是截面调查数据基础上的对比分析,缺少长期跟踪观察,从而无法观测到农户个体对稻作制度选择的时序变化,故通过单双季水稻模式的农户数、比例或面积变化来刻画出稻作制度选择的演变趋势。

源利用率产生不利影响(程勇翔等,2012;胡小平等,2010;吴乐等,2011;刘朝旭等,2012)。

现有的研究资料从多个方面探析了农户稻作制度选择变化的原因[①],其中劳动力配置和农户收入两大因素备受关注(王雅鹏,2005;Fengbo et al.,2013)。一方面,中国经济高速发展导致城市、工业和服务业部门对劳动力需求的上涨,大批具备比较优势的优质劳动力离开农村和农业生产(Zhang et al.,2001;Li et al.,2013),较多调查资料显示出农忙时节自家"劳动力不够""劳动力年纪太大"或者雇工困难是很多农户对稻作制度选择的主要顾虑(辛良杰等,2009;翁贞林等,2009;彭春芳,2010;陈风波等,2011)。另一方面,出于家庭收入最大化目标所导致的生产资料和劳动配置由原来的水稻生产转向其他农作物(如种植业结构调整等)或非农就业活动(王跃梅等,2014),这些活动在生产时间和资源配置上与水稻之间具有一定的竞争性,并且往往有较高的经济收益,这促使了农户变动或调整水稻生产决策(Schluter et al.,1976;Mishra et al.,1997;Verburg et al.,2001;Heerink et al.,2006;Berg al.,2007;李庆等,2013)。陈风波等(2003)发现欠发达和发达地区的水稻种植农户的生产决策行为侧重于获取现金收入,尤其在资本缺乏的情况下,对家庭资源的配置主要体现在劳动力的配置上,相应使得农户减少了水稻种植上的劳动力投入,而增加了其他生产活动的劳动投入。同时,也需注意到,由于农业生产传统、非农就业机会的多寡和双季稻的相对稳定收益及生产风险规避等因素,提高单位耕地的产出水平仍是增加长江流域农户收入[②]的重要途径之一。

为了适应农业生产上要素配置的巨大变化和维系粮食安全及提高耕地利用[③]的综合考虑(李茂等,2003;李彬等,2009;金姝兰等,2011;李琳凤等,2012;Anderson et al.,2014),中国各级政府一方面通过政策手段(如从2004年开始采取"三减免""三补贴"措施及2005年大幅度提高粮食收购价格),从保障农户种稻收益入手,千方百计[④]稳定双季稻核心产区的种植面积;另一方面选择推进农机等社会化服务的方式来释放农村劳动力,通过要素替代以缓解因劳动力的大量转移对水稻生产的不利影响(如退出或停止耕种等)(Gu et al.,2008;Huang et al.,2009)。从水稻的生产实践来看,随着农机服务的大力发展,使得农户能够兼顾到水稻生产和非农生产活动,降低了农户因外出择业而放弃或减少水稻种植的发生概率,甚至在一定程度上减缓了农村劳动力老龄化对水稻生产带来的不利影响(周宏等,2014)。

---

① 例如,农资价格上涨过快、稻谷收购价过低(尹昌斌等,2003)、双季稻生产上的农机装备或农业基础设施的不足(张文毅等,2011;马志雄等,2012;朱德峰等,2013)和粮食补贴政策上的"制度缺陷"(翁贞林等,2009)以及气候变化等。

② 在长江流域水稻主产区内,水稻种植收入仍是农户家庭总收入的重要组成部分之一,水稻种植收入增长可以有效地带动家庭总收入增长(王雅鹏,2005)。

③ 关于双季稻与地力损耗之间的关系超出了本书的研究范围。

④ http://www.cngrain.com/Publish/produce/201401/560939.shtml。

林坚等(2013)发现,粮食生产上相对较少的劳动力投入需求和易于实施机械化作业的特点,与非农就业收入的投资效应相结合,使得农户的非农就业与粮食生产之间可产生较强的互补性。

对于气候条件适宜、耕地和水资源丰富的长江流域各省区来说,它们在经济社会发展的同时,仍然肩负着中国粮食生产稳定和增产的任务[①]。追溯长江流域稻作区内的农户稻作制度选择变化的原因,发现这与区域发展的特殊性密切相关。该区域经济发展快、城乡差异大且人口密集,而且农户多以小农经营形式为主,外界经济环境的拉动力与农户自身追求收入最大化的目标相结合,共同决定了农户稻作制度选择的演变方向(Brosig et al.,2009;Ling et al.,2013)。那么,长江流域单双季稻作区内的农户稻作制度选择的演变方向是什么? 若从农户收入视角来看,影响稻作制度选择的原因是什么? 围绕上述研究背景和问题,本书立足于长江流域单双季稻作区,利用湘、鄂、赣、皖四省2004～2010年农村固定观察点的追踪数据,首先,统计农户稻作制度选择的演变方向和可能趋势,进一步比较农户在不同稻作组合模式下的收入与净收益的差异,并探讨农户种植结构变化对稻作制度选择的影响;其次,分析农户家庭非农收入和农业生产经营决策者非农就业程度对稻作制度选择的影响;最后,考虑到农机服务在农户配置生产资源和劳动供给中的重要角色,比较分析农机服务在不同稻作制度选择下的要素替代程度与收入效应,并回答农机服务发展是否能够有效地提高农户水稻复种指数。

1.2　数据来源及使用说明

本书使用2004～2010年农业部农村经济研究中心的农村固定观察点的调查数据,选取长江流域稻作区的湘、鄂、赣、皖共4省32个村镇的水稻种植农户,指标信息涵盖家庭成员构成、农业生产的投入产出、农机服务和收入构成的详细数据。删除有缺失数据和异常值数据,最终选取截面农户数为1256户的有效研究样本。由于涉及2004～2010年不同省(市)的价格因素,本书分别使用稻谷生产价格指数、机械化农具价格指数、农业生产资料价格指数和农村居民消费价格指数将稻谷收购价、机械作业费、水稻物质资本投入费(水稻亩均物质资本[②])和水

[①]　出于保障粮食供给稳定的目标,国家下发多个农业文件,如2009年国务院通过《全国新增1000亿斤粮食生产能力规划(2009～2020年)》和2011年通过的《全国农业和农村经济发展第十二个五年规划》与《种植业发展第十二个五年规划》,上述规划均提出加快耕作制度改革,合理提高复种指数,推进水稻"单改双",充分挖掘耕地利用潜力。

[②]　物质资本投入统计包含种子秧苗费、农家肥折价、化肥费、农膜费、农药费、水电及灌溉费、小农具购置修理费和其他材料费。

稻亩均净收益平减到 2004 年不变价格水平,上述各省(市)平减指数均来自《中国农村统计年鉴》(2005～2011 年)。关于农户农机服务程度指标中的折算系数和单位家庭用工折价数据来自《全国农产品成本收益资料汇编》(2005～2012 年)。

另外,本书涉及一部分宏观数据,如长江流域各省(市)的单双季水稻播种面积、耕地面积、人口数量与经济水平等数据来源于《中国统计年鉴》《中国农业统计资料》《中国国土资源统计年鉴》《全国农产品成本收益资料汇编》等,所有数据的出处均在涉及的图、表与文字处给予详细说明。

1.2.1　为什么选择农村固定观察点数据

本书使用农业部农村经济研究中心的农村固定观察点的调查数据,该数据库始自 1986 年,在全国 31 个省(区、市)按国家统计局的统计抽样标准,分别选取富裕、中等和低收入水平的县(区),逐年进行农户跟踪调查[①],详细记录了农户家庭成员构成、农业生产、家庭消费与经济收支等方面的信息。该数据库记录了当前中国观察时间最长、指标最为详细的农村经济社会信息数据。

1.2.2　为什么时间起点选择 2004 年

本书的样本时间选取为 2004 年至 2010 年,主要是因为:

(1) 随着地区经济发展结构的变化,农村固定观察点调查数据的调查问卷和指标经历了多次修改,到 2003 年开始记录农户家庭每个劳动力的详细劳动时间分配信息,虽然 2009 年的调查问卷中关于家庭劳动力的劳动供给指标又发生变动,但这只是对一些指标进行了补充采集,未对整个调查指标体系产生影响,从而保证了本书中数据指标的完整性和延续性。

(2) 农户稻作制度选择的有效识别,是本书研究的基本点。虽然农村固定观察点调查数据库中未直接给出农户单双季水稻的种植类型信息和相对应的播种面积,但是本书使用农户水稻复种指数(水稻种植面积与水田面积之比)可反映出农户单双季水稻种植情况,而且样本统计发现该指标取值严格介于 0 与 2 之间。这一指标构成中的关键变量——水田面积,在 2003 年之后才进入统计指标,从而导致我们无法追溯到更早的农户单双季水稻的种植情况。

(3) 截至 2015 年,农村固定观察点调查数据对外发布和可供研究的数据的年份仅到 2010 年,最新年份的数据尚在整理阶段,这也使得本书的研究无法追踪到近期(特别是"十二五"时期)的水稻生产现状。

---

① 本书不考虑固定观察点数据的采集标准与统计学上随机抽样之间的问题。

1.2.3 为什么研究区域仅选择长江流域的湘、鄂、赣、皖四省

依据中国水稻种植区划,长江干流地区主要包含华中稻作区和西南高原稻作区,主要涵盖江苏省、上海市、浙江省①、安徽省、江西省、湖南省、湖北省、四川省和重庆市(中国水稻研究所,1989;Fengbo et al.,2013),上述两个稻作区是中国特殊的单双季水稻混合区,其中合计的水田面积、水稻播种面积和稻谷产量的比重分别为 76.51%、75.98% 和 77.52%(梅方权等,1988)。

20 世纪 80 年代后,在农户自主经营权增强、劳动力择优转移、非农就业机会增加及替代农作物的比较效益等一系列因素的驱动下,长江流域稻作区水稻复种指数与双季稻种植比例出现持续的缩减趋势(杨万江等,2013)。相关资料显示,到 21 世纪初,长江流域稻作区的江苏省、上海市、四川省和重庆市基本实现了双季稻向单季稻的改制过程。长江中下游的湖南省、湖北省、江西省和安徽省沿江及江南地区是中国现存的双季稻主产区,区内粮食产量中 85% 以上是稻谷,这四省是中国传统农业大省和最重要的商品粮生产基地,也是中国目前能够进行粮食外调的重要省份(张新民等,1997;郑有贵等,1999;王红茹等,2013),在国家粮食安全中具有不可低估的作用(尹昌斌等,2003;李彬等,2009)。据《中国统计年鉴》和《中国农业统计资料》显示,截至 2010 年,湘、鄂、赣、皖四省仍然是中国最大的双季稻产区,在水稻播种面积中,双季稻占比达 58.63%。相关面积变动的时间序列反映在以下两点:一是双季稻的绝对种植面积,湘、鄂、赣、皖四省的双季稻种植面积的总和由 1980 年的 10120 千公顷缩减到 2010 年的 7047.9 千公顷,降幅达到 30.36%,共计减少播种面积 3072.1 千公顷;二是双季稻的种植面积比重,由于全国双季稻种植面积的萎缩,直接导致湘、鄂、赣、皖四省的双季稻种植面积比重有上升之势,并已逐渐成为当前中国的双季稻主产区。

长江流域是中国经济发展最快的地区之一,城市扩张、人口集聚与经济社会的快速发展,吸引了大量农村剩余劳动力进入城市,并且人口增长也引致了粮食需求的上升。因此,挖掘区域内部的粮食生产能力以平衡粮食供需,保障稻谷自给率和适度的余粮外调,就成为中央和地方政府历年紧抓不放的任务指标之一。更为重要的是,该区域气温、降水和积温等气候条件适宜、土地质量优良,而且水稻种植历史悠久(Hill,2010;杨万江等,2013;Muazu et al.,2014),大部分地区均适合进行双季稻生产。因此,在国务院 2009 年通过《全国新增 1000 亿斤粮食生产能力规划(2009~2020 年)》和 2011 年通过《全国农业和农村经济发展第十二个五年规划》

---

① 考虑到上海市农业的特殊性,以及浙江省偏离长江干流且位于东南沿海双季稻区的特征,与样本省份在地理和气候等方面差异较大。另外,江苏省、重庆市和四川省的双季稻种植面积较小,稻作模式已基本为单季稻。因此,本书的研究区域排除了上海市、浙江省、江苏省、四川省和重庆市。

与《种植业发展第十二个五年规划》的具体实行方案中,稳定长江流域现有双季稻的播种面积、合理提高复种指数和推进水稻"单改双",被作为保障粮食增产计划的重要手段。

1.2.4　2004～2010 年中国粮食生产的阶段性特征简介

2004 年是中国粮食生产上具有里程碑意义的关键和转折之年。2004 年,中央对农村经济工作政策进行了重大调整,促进了粮食生产迅速恢复发展,扭转了粮食产量自 1999 年以来连续 5 年下降的局面(吴敬学,2012)。同期,一系列惠农、富农政策,诸如试点取消农业税、实行三项补贴和完全放开粮食流通市场的出台(陈锡文,2013),为后续粮食的恢复性增产(2004～2007 年)和达到前期历史高位水平(2008 年至今)后的"连增"创造了基础条件[①](图 1.1)。

在粮食产量结构中,虽然稻谷产量自 2004 年保持了小幅度的增长,但稻谷份额却出现持续下降的趋势,从 2004 年的 38.15％降低到 2014 年的 34.00％。作为中国重要的水稻主产区,长江流域单双季稻作区的湘、鄂、赣、皖四省的稻谷产量如何? 在图 1.1 中,1997～2014 年湘、鄂、赣、皖四省合计稻谷产量走势与中国粮食产量曲线基本一致,四省稻谷产量自 1997 年持续下滑,在 2004 年开始止跌回升,基本到 2009 年共经历 6 年才将产量恢复到 1997 年的稻谷产量水平。

2009 年后,长江流域单双季稻作区的湘、鄂、赣、皖四省的合计稻谷产量与所占中国稻谷总产量份额之间开始出现分离现象。湘、鄂、赣、皖四省的稻谷产量占中国稻谷总产量的比重由 2009 年的 38.35％降至 2013 年的 37.41％,并徘徊多年。这种分离现象表明,中国稻谷总产量的拉升不是依靠长江流域水稻主产区的湘、鄂、赣、皖四省,而是其他主产区的稻谷产量贡献(如东北地区等),即对于水稻生产资源优越的湘、鄂、赣、皖四省来说,实际上是自身水稻生产比较优势未得以充分发挥。

除上述粮食生产供给变化外,中国农业外部环境的另一个显著变化便是土地流转发生率和规模的不断加快。20 世纪 90 年代中期以前,农村土地流转的发生率一直偏低。据农业部 1993 年的抽样调查显示,1992 年全国有 473.3 万户承包农户转包或转让农村土地 1161 万亩,分别占承包土地农户总数的 2.3％和承包土地总面积的 2.9％(张红宇,2002)。1998 年,多伦多大学和农科院对中国 8 个省份进行实地调查后发现,参与农村土地流转的土地仅占全部土地的 3％～4％,浙江省农村土地流转率最高,但也仅占 7％～8％(刘莉君,2013)。

---

① 除政策因素外,中国粮食生产连增的主要推动力被归结为粮食单位产出水平提高和相应的结构调整等(林毅夫,1995;朱晶等,2013;田甜等,2015)。

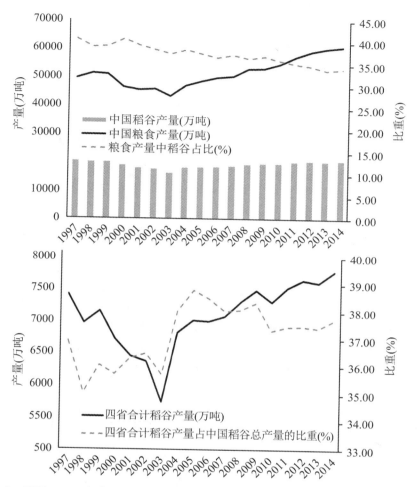

图 1.1 1997~2014 年中国和长江流域稻作区湘、鄂、赣、皖四省的粮食与稻谷生产情况

随着国民经济的高速增长,非农产业的发展和农村富余劳动力的流动,加上农产品供求关系发生阶段性变化,以土地经营为主要收入来源的农民收入增长缓慢甚至下降,使土地经营对农民生产和生活的重要性有所下降。非农产业高收入产生的"拉力"和土地经营低收入产生的"推力",使农村土地使用权流转速度有所加快(张红宇,2002)。赵阳(2011)发现土地流转总面积占整个承包地的面积比例:2006 年为 4%,2007 年为 5%,2009 年为 8%,而 2010 年达到 13%。农村土地流转加快,致使一部分规模小且分散的农户逐渐退出农业生产领域,也使得多种农业规模化经营主体不断壮大,农业生产领域出现小农户与规模户并存的局面。然而,纵观样本研究期(2004~2010 年),农村土地流转仍然是处于小范围内的农户间自发式的调整行为,政府或涉农组织引导调控程度尚不深入,这一阶段的小规模农户仍然是占据了绝对数量和比例的农业生产经营的主体类型。

第 2 章 文献综述与相关理论基础

2.1 长江流域单双季稻作区的农业种植模式介绍

种植制度[①]是指一个地区或生产单位的作物组成、配置、熟制与种植方式的综合,包括确定种什么、种哪里、各种多少,即作物布局问题;一年种一茬还是几茬、哪个时候不种或全年不种,即复种休闲问题;采用什么样的种植方式,即单作、间作、混作或套作、轮作和连作问题。种植模式是一定区域和时间内作物搭配集成的方式。

对于长江流域单双季稻作区来说,种植模式多为一年二熟制和一年三熟制(王辉等,2006;尹昌斌等,2003)。20 世纪 50 至 70 年代,在农业生产技术和行政手段等推动的大规模农业耕作制度的改革中,长江流域逐渐形成以双季稻种植为主,冬作配以大麦、小麦、油菜或绿肥的双季稻三熟制区(高旺盛,1999;王铁生,2013)(表2.1)。改革开放以后,随着农业经济制度的变迁,中国稻作区的种植结构再次发生

表 2.1 长江流域稻田的主要种植制度

熟制	模式类型
一年一熟	一季早稻、一季中稻、一季晚稻、单季超级稻
一年二熟	油菜-中稻、玉米-晚稻、经济作物-晚稻、小麦/西瓜-晚稻＋平菇……
一年三熟	绿肥(或菜)-春玉米-杂交晚稻、花椰菜-双季稻、马铃薯/玉米-晚稻、绿肥-豆-杂交晚稻、小麦-西瓜-杂交稻、麦/瓜＋玉米-晚稻、烟-稻-菜、菜-稻-菜、花生-晚稻-冬菜、绿肥(冬作)-早稻-秋玉米、马铃薯/玉米-晚稻、青花菜-双季稻、小白菜-双季稻、西芹菜-双季稻、大蒜/西瓜-晚稻……
立体种植式	稻＋鱼、稻＋鸭、稻-鱼-萍、稻＋蛙……

注:不同熟制下,作物种植模式由作者统计得到。原始资料来源于王辉等(2006),黄国勤(2005)。

[①] 种植制度与养地制度共同构成了农业耕作制度。其中,养地制度是与种植制度相适应的、以提高土壤生产力为中心的一系列技术措施,包括农田基本建设、土壤培肥、土壤耕作与保护等。

巨大变化。据张伯平(2002)发现,中国自南向北现已重组为华南双季稻种植区、长江以南的双(单)季稻种植区、长江两岸及西部地区的单(双)季稻种植区、北方及西北地区(含西藏)单季稻种植区等四大稻作区版块(图2.1)。

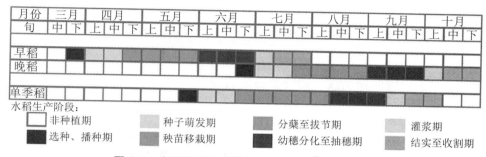

水稻生产阶段:

□ 非种植期	种子萌发期	分蘖至拔节期	灌浆期
■ 选种、播种期	秧苗移栽期	幼穗分化至抽穗期	结实至收割期

图 2.1 中国长江流域单季稻与双季稻的生产阶段

注:资料来源于 Li et al.,2012。

出于多方面的原因,中国长江流域稻作区内农户的稻田改制倾向明显(尹昌斌等,2003)。钟武云(2003)指出,湖南省从 1999 年开始掀起新一轮稻田改制后,农户选择的诸如"蔬菜或经济作物+优质晚稻""优质油菜+一季晚稻"的种植模式,相比于传统的"油菜+稻+稻"三熟制模式,不仅减轻了劳动强度,还增收节支10%左右。尹昌斌等(2003)基于农户调查发现,由于江西省和湖南省位置偏南,种植早稻的气候优势高于湖北省和安徽省,种植模式多为"稻+稻+油菜"模式,而安徽省和湖北省则较多采取"稻+油菜"和"稻+小麦"的种植模式。

但需要指出的是,尹昌斌等(2003)基于长江中下游湘、鄂、赣、皖四省的农户调查指出,64.7%的农户在稻田改制中调减了早稻种植面积,然而该区域内农户80%的耕地为水田的特点决定了稻田改制的意愿是选择单季稻,而改种其他农作物的比重不高,其中仅改种春播玉米和其他农作物的比重仅分别为 3.7%和10.6%。因此,从农户全年种植业结构的变化来看,长江流域湘、鄂、赣、皖四省一年二熟制的农业耕种模式和双季稻的生产时间局限,导致农户压缩了早稻种植规模,而适当地在单季稻或者一季晚稻后选择种植油菜、小麦等越冬农作物品种(图2.2)。

图 2.2 二熟制模式下农户稻田改制前后的农作物组合类型变化

注:目前湘、鄂、赣、皖四省农户的一季水稻种植形式较多,分别有早稻、中稻和单季晚稻。

2.2 文 献 综 述

2.2.1 长江流域双季稻种植的历史演变与意义

1. 宋至民国时期的双季稻种植历史演变

对于长江流域双季稻的种植历史,早期的文献可追溯到南朝宋(420～479年)盛弘之的《荆州记》,可见长江流域双季稻的栽培已有千年以上的历史(桑润生,1980)。然而,值得注意的是,在中国早期的文献史料中,一直是没有"双季稻",而只有"再熟稻"这个名词。当时所说的再熟稻,就是现在所指的再生稻,后来这一名词又逐渐将其他形式的双季稻包括在内,如连作稻[①]、间作稻[②]和混作稻[③](王达,1982)。可以说,我们现在讨论的各种形式的双季稻,基本全部是受启发于水稻的自然再熟,之后在人民群众利用再生稻的基础上而逐渐发展和改造起来的。

受到气温和水稻品种的发展,中国最早的双季稻(与现行双季稻概念较为一致)种植可追溯到 11 世纪(北宋大中祥符四年,1011 年),早熟耐旱且生长期短的品种——占城稻[④](champa rice),从越南中部引入中国,促进了华南地区双季稻的广泛种植(Chang et al. ,1979)。占城稻传入中国后,经过劳动人民的不断驯化、选育,逐渐演变为"占稻""占禾""早占""晚占"等品种,不同品种之间的变化较大,并对之后中国双季稻的发展产生了深远的影响。

关于占城稻在中国的传播情况,林则徐曾记述:"吾闽所传占城稻,自宋时流布中国,至今两粤、荆、湘、江右、浙东皆艺之,所获与晚稻等,岁得两熟。"湖南《醴陵县志》记载得更加具体,它指出宋代取占城稻后的双季稻发展情况是:"分授民种……于是地不必热带,田不必膏腴,皆岁可二熟矣……通治二熟禾,虽间亦有莳中稻、糯

---

① 连作稻是指早熟稻收割后及时耕翻整地、重栽秧苗、成熟收获的水稻。
② 间作稻是指早稻栽插时留宽行距,经旬、月后将晚稻秧分插其中,早稻收割后,培育晚稻继续生长,这一种植方式多见于闽浙和湘赣。
③ 混作稻是指早稻播种时,夹晚稻种子于内,一并栽秧,收割早稻时留高茬,所夹晚稻继续生长成熟。这一混作制,清代后期首创于广西西容县,后来传到广西东南,并进一步扩大到湘南、闽中及赣南等部分地区。这是一种适应山谷坑田、冷浸田等水寒泥深,且山洪倾泻、积滞难耕的特殊田亩的特殊种植制度。混作制是基于一种特殊性能的水稻品种——夹根禾。夹根禾的生育期较长(约 8 个月),发育充分,并具有耐淹、耐肥、耐阴、耐寒等特点,早稻收割后,其桩上的休眠芽萌发结实亦与晚稻同收,所以产量较高。
④ 占城稻是指出产于印支半岛的高产早熟耐旱的水稻品种,宋朝时经越南引入中国,并迅速在江南地区推广。占城稻属于早籼稻,具有三大特点:一是耐旱;二是适应性强,"不择地而生";三是生长期短。

稻者,特百分之一耳。"这里我们暂且不加评述占城稻是否已"皆艺之"或达 90% 以上,但毋庸置疑的是,占城稻被引进以后,为双季稻的发展创造了有利条件,并使南方稻作区的种植制度发生了巨大变化。不过,由占城稻所促进的双季稻的大力发展,主要还是在明清时期(1368~1911 年),其发展路径基本上是以种植双季稻较早、较多和生产技术较好的福建与广东为起点,随后分别沿着广西、台湾和长江流域主产区三条传播线路逐步推广开来。

(1) 广西地区双季稻的发展。广西地区最早的双季稻种植时间,据乾隆《岑溪县志》可推测到明朝天启年间(1621~1627 年)。传播路径主要从广东溯西江进入广西自然条件较好、有着精耕细作传统的浔江和郁江流域,随后又沿浔江支流(容江、义昌江)及桂江流域向桂东的南北分道,再由溯柳江、红水河向西北延伸。这一带地势、气候等自然条件稍差,但在当地人民的不断尝试与试种下,也都获得了成功。而至于广西北部如思恩府(今广西壮族自治区的武鸣、宾阳、上林、马山、都安等县的全部或部分)辖内的双季稻种植,则晚到清代道光八年(1828 年)由李彦章[①]倡导才发展起来。

(2) 台湾地区双季稻的发展。清代之前,台湾地区为一熟水稻区,到清代中叶及以后,迫于岛内人口压力增加,台湾人民便开始在福建和广东人民的传授下,将稻作区的种植制度逐渐向两熟(甚至三熟)制发展。清朝李彦章在其所著的《江南催耕课稻编》中记述:"台湾百余年以前,种稻岁只一熟,自民食日众,地利日兴,今则三种三收矣。"由此可推算台湾地区水稻三熟制,可能最迟在清朝中叶就已出现。不过也应注意到,台湾南北纬度相差达 3 ℃以上,南北气候等条件不均等,所以台南地区水稻能够年产三季,而中部、北部只能保持一年两熟或两年五熟。总的来说,台湾地区双季稻生产起步虽较晚,但得益于相对优越的地理及气候条件,使得台湾地区的双季稻发展很快,闽、粤双季稻被引种不久,双季稻甚至三季稻就逐渐发展成为该地区主要的种植制度,并且在解决日益增长的粮食需求上发挥了重大作用。

(3) 长江流域双季稻的发展。长江流域双季稻的试种与扩大,也深受闽、粤地区的影响,其中江西省在长江中下游其他地区双季稻的传播中起到了桥梁和促进作用。江西省地理、气候条件均较优越,加之临近双季稻种植兴盛的闽、粤,因而使得江西省的双季稻发展较快,种植比重较大。据相关史料统计,当时江西省的双季稻(包括部分单季晚稻)在稻作面积中所占比重,临川地区达到三分之一左右,而赣南地区的一些地方达到 70% 左右。黄皖在其所著的《致富纪实》中指出,湖南双季稻的种子,就是引自江西的"稻荪"种经培育演变而成的。在道光、咸丰年间

---

① 李彦章(1794~1836 年),字兰卿,福建侯官(今闽福州市闽侯县)人。担任过广西思恩知府、庆远知府、浔州知府等。1833 年 11 月至次年 4 月,李彦章编著《江南催耕课稻编》,大力推广种植双季稻;此外,他还撰写了《江南劝种早稻说》与《江南劝种再熟稻说》。

(1821～1861年),该稻种被广泛地种植于醴陵等地,19世纪晚期又被推行到浏阳、善化、湘潭等广大区域,由此也使得醴陵地区成为湖南省双季稻的良种和种植技术中心。四川省的双季稻发展与湖南省大致相同,也从江西省引进了双季稻种。而长江中下游地区的双季稻发展,主要归功于道光年间的林则徐,其曾派人从赣、湘购进双季稻稻种,并积极推广双季稻的种植。

清代长江中下游地区双季稻发展的另一成就在于连作稻的种植北界已突破北纬33°,而到达长江以北的里下河诸州县(今江苏省扬州市、淮安市与盐城市三地的部分地区)。林则徐说:"江北之下河诸邑……三十年前,则两种而两割也。"这说明在道光以前,中国双季稻发展的北限,最远曾达到过苏北的里下河地区。

民国时期,中国双季稻的种植面积跌入了历史低谷期。由于地租苛重和战争破坏,小农经济在劳动力和畜力使用上的困难,直接导致中国双季稻栽种面积的大幅度下降。到20世纪30年代,湖北省、湖南省的双季稻种植面积不到全部稻田面积的10%(龚胜生,1996),而到1949年,湖北省的双季晚稻占水稻总种植面积的比例不到2%(湖北农牧业志编纂委员会,1996)。至1949年前夕,川南约9万亩双季稻田,除泸县[①]有小部分种植外,其余全部停栽(桑润生,1982)。

综上所述,可知北宋时期引进越南的占城稻,突破了中国双季稻发展的首要难题——早晚稻的品种问题,加上闽、粤适宜的水热条件为中国双季稻品种的驯化、选育及推广示范提供了较好的基础,随后双季稻逐渐扩展到江南地区(闵宗殿,1999;韩茂莉,2000)。到清代,双季稻已从闽、粤扩大到桂、台、赣、湘、鄂、浙、苏、皖、川等省,整个长江中下游地区都有了双季稻的分布,其中广东、福建和江西三省的种植面积最多(王社教,1995;陈凤波,2011;周宏伟,1995)。民国时期战争等原因,小农经济面临较大的劳动力与畜力不足,这直接导致双季稻栽种面积的大幅度下降。回溯中国双季稻近千年的发展历程,我们能够发现,双季稻发展受到诸多因素(如封建性租赋、季节和劳力的矛盾突出、水利和肥料不足等)的限制,其总的趋势是不断扩大,但扩张步履缓慢。

2. 1949年至今的长江流域双季稻的演变

新中国成立后,人民政府对发展双季稻特别重视。一方面,人民政府对过去的情况进行了组织考察和历史经验总结;另一方面,自1953年以后,长江流域各省各级政府均将水稻耕作制度改革列为粮食增产的主要措施之一,尤其在农业部"以粮为纲"的政策号召下,南方稻作区进行了单季改双季、间作改连作、籼稻改粳稻的多

---

① 泸县是四川省泸州市下辖县,位于四川盆地南部。

形式、大规模的耕作制度改革①,这种史无前例的大规模、大范围和全局性的耕作制度改革一直持续到 1977 年,前后共持续了 20 多年。自此,长江流域的双季稻栽种面积和其他南方稻作区一样,才又逐渐扩大起来,特别是农业合作化高潮后,全国农业发展纲要的提出更加速了双季稻的发展。与此同时,双季稻在不断试种过程中向北拓展,大大地超过了以往的双季稻种植北界。长江流域水稻耕作制度改革直接带来了粮食上的显著增产,据资料显示,1956 年,浙江省因水稻“单改双”就直接增产稻谷 10 亿斤(桑润生,1982)。陈凤波等(2011)指出,1956~1977 年间,中国水稻耕作制度改革使得双季晚稻面积由 1957 年的 10354 万亩增加到 1976 年的 19213 万亩,也使得南方粮食产量迅速增长,从 50 年代中期的 1 亿吨增加到 1978 年的近 1.8 亿吨(黄国勤,2001),稻谷总产量增加对缓解中国人口过快增长所带来的粮食需求激增的压力,发挥了重要作用。

1978 年后,中国广大农村实行家庭联产承包责任制,农业由自给性生产开始向商品性生产转变,传统农业向现代农业转变,南方各地没有再进行全局性、大规模的耕作制度改革,但政府引导与群众自发的局部性、小范围的耕作制度调整却从未停顿过。南方稻作区水稻种植最明显的变化是单季稻面积出现持续上升,而双季稻面积则开始下降的趋势。来自农业部种植业管理司的资料显示,1980~2008 年间,南方单季稻种植面积比重从 46.12% 增加到 67.17%,而长江中下游地区双季稻改单季稻的趋势更为明显,其中浙江省和上海市单季稻的种植比例分别从 14.65% 和 12.08% 增加到 82.96% 和 100%,而湖南省和湖北省也分别从 19.49% 和 54.15% 增加到 47.27% 和 74.99%(陈凤波,2011)。程勇翔等(2012)强调,南方稻作区的稻作制度变化是中国水稻种植面积下降的主要原因。辛良杰等(2009)测算出,1998~2006 年间,中国双季稻区至少有 174.4 万公顷的双季稻改为单季稻,由此造成水稻播种面积、稻谷总产量和粮食总产量分别减少 13%、5.4% 和 2%,而且经济发达省份的“双改单”现象和产量损失更为严重。南方稻作区双季稻种植面积减少的原因,除了压缩了部分不适宜种植双季稻的面积外,更多的还是在商品经济不断发展的背景下,农户对农田积极开展多种经营方式和经济作物种植比例扩大所带来的资源转移。

1949 年至今,长江流域稻作区经历了从单季稻到双季稻,然后又从双季稻改回单季稻的反复过程。1949~1955 年间,中国南方的农田基本处于继承传统农业技术经验阶段,突出的特点是土地利用率低、作物生产力低和种植方式单一,稻田多为间作稻,双季稻种植面积不大。1956~1977 年间,经由政府推动和人民群众参与的大规模耕作制度变革,将双季稻种植规模推到了历史最高期。随后的 1978

---

① 如江西进行了单季变双季、中稻变早稻、旱地变水田的“三变”,浙江省进行了发展连作稻、发展三熟制、发展高产作物的“三发展”,江苏省进行了旱改水、籼改粳、中改晚、单改双的“四改”等。

~1989 年间,在实行家庭联产承包责任制以后,农户的自主经营权不断增加,因此农户更加重视农田的经济效益,他们压缩了部分不适宜种植的双季稻面积,同时也将更多资源向经济作物转移,由此造成双季稻种植面积减少。1990 年至今,中国南方耕作制度进入了一个结构优化阶段,传统的"粮食作物+经济作物"的二元结构逐渐向新型"粮、经、肥、饲、菜"的多元复合结构转变,转型过程中重点调减了一部分粮食作物(主要是水稻)的种植面积,扩大种植高效经济作物和饲料、蔬菜等,这在一定程度上削减了中国双季稻的种植规模。

3. 为什么双季稻能在长江流域得到大面积种植

双季稻的出现与发展,不仅是中国水稻栽培技术上的一大进步,而且在中国农业经济史上,也具有极其重要的意义。双季稻在增加粮食产量、提前荐新和充分利用农业资源等方面,都起到了积极作用。所谓荐新,如浙江省《龙游县志》所指出的,双季早稻虽然产量较低,但"贫家喜种之,以其收获特先,青黄可接"。对于旧社会"糠菜半年粮"的广大贫苦农户,这无疑起到了某种救急的作用。正因为如此,一千多年来,双季稻在中国南方地区并没有消失,而是一直在稳步发展(王达,1982)。

双季稻能在长江流域得到大面积的种植,更为重要的原因还是人口增长所引致粮食需求的上升,以及农业生产技术和劳动力数量的变化。据闵宗殿(1999)考证,中国长江流域许多地方的双季稻是在清代发展起来的,这和清代人口激增、人均耕地相对减少、经济作物与粮争地等方面有着密切关联。中国长江流域在开发的初期阶段,由于人口稀少,劳动力相对不足,且与当时中原先进农耕文化有着较大的技术差距,一年一熟成为当时通行的种植制度。在北方人口大规模向江南迁徙以前,南方一直保持着地广人稀的人地关系,一季粮食产量完全可以满足人们的生活需求,根本没有必要在原来的劳动基础上再增加新的投入,因此在相当长的一段时间内,农作物种植制度保持为一年一熟制(韩茂莉,2000)。随着先秦到明清时期的人口不断分批地向南迁移,南方人口逐渐增多,南方地区的开发力度增大,稻作制度开始逐渐向一年两熟制演变,少数地区甚至向一年三熟制发展。

据史料推算,明朝中期的嘉靖时期(1522~1566 年),中国人口已达 6300 万,到清乾隆时期,中国人口增长到 3 亿,嘉庆时增加到 3.5 亿,而耕地面积却增加无几,人均耕地面积从明朝初期洪武时的 14.05 亩(1 亩≈666.7 平方米)下降到嘉靖时的不足 7 亩,乾隆中期又降到 3.56 亩,嘉庆时进一步降至 2.19 亩(闵宗殿,1999)。此外,这一时期棉花、烟叶等经济作物的发展也挤掉了部分粮田,更加重了人口与耕地面积之间的矛盾。为了解决耕地面积不足的问题,农民们开始设法利用滨海盐咸土和一些不宜种植旱作物的沼泽地或者积水洼地,淮河以北的部分地区则使用这些耕地试种水稻,而南部地区则尝试在单季稻的基础上种植双季稻,以期最大限度地提高稻谷的总产量。

时间回溯到当代,我们发现 20 世纪 50 年代至 1978 年间,中国人口增长的高峰期恰好与双季稻种植面积增长重叠。从图 2.3 来看,双季稻从 1949 年不足 6000 千公顷扩大到 1978 年的 12000 千公顷左右,而短短数十年间中国人口数也从 5 亿迅速增长到 10 亿,全国人口增长导致人们对稻米需求的激增,这直接推动了中国南方稻作区的稻作制度变迁,也在一定程度上成为了中国在 1949～1978 年间推行大规模耕作制度改革政策能够获得成功的一个理由。

同时,如果双季稻种植面积与人口增长之间具有较强的相关性,那么如何解释在图 2.3 中,20 世纪 80 年代以后中国人口继续增长而双季稻面积不断减少的现象呢?究其原因,我们认为水稻生产的农业技术进步是主要原因。改革开放后,由于中国水稻育种技术、田间管理技术和农业基础设施建设(如水利、农田改造与农村道路等)的大力发展,水稻单位产量得到较快地增长。从图 2.4 来看,中国水稻单位面积产量增长显著,从 1949 年的 1892.1 千克/公顷增长到 1977 年的 3619千克/公顷,年均增长量达到 61.68 千克/公顷,而随后又从 1978 年的 3978.1千克/公顷增长到 2011 年的 6687.32 千克/公顷,年均增长量约为 90.24 千克/公顷,水稻单位产量的提升速度要高于 1949～1977 年间。另外由图 2.4 可知,水稻单位产量曲线的走势相对趋缓和历年单位产量的增长幅度减小,两者均反映出水稻单位产量的提升难度在不断增大,技术瓶颈短期内难以突破(徐春春等,2013)。

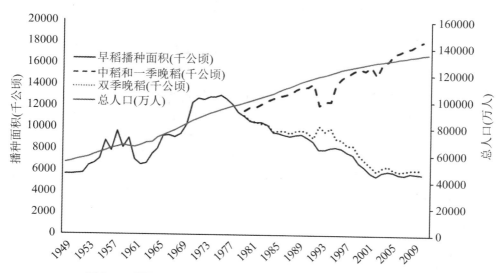

图 2.3　中国 1949～2012 年人口数、早稻、中稻和晚稻播种面积

注:数据来源于《中国农村统计年鉴》(1980～2013 年)。

长江流域双季稻在北宋以前多是水稻自然萌发的再生稻。公元 11 世纪,占城稻从越南中部被引进中国,经过闽、粤两地的不断驯化、选育和扩散,至明清时期,双季稻种植已遍布长江流域、华南地区和台湾。民国时期,由于战争破坏等多方面原因,导致双季稻栽种面积的大幅度下降,发展基本停滞。1949～1977年,以政府推动和农户参与的新中国大规模耕作制度改革,直接推动了双季稻进入历史繁荣期,随后从 1978 年至今,由于种植结构优化,中国双季稻的种植规模一直处在不断减少的态势。纵观双季稻的发展历程,我们很容易发现,中国双季稻与地区人口激增、人均耕地减少和经济作物与粮争地等方面密切相关。而近40 多年来,中国双季稻的种植规模的逐渐下降,又在一定程度上与农业技术进步所带来的水稻单位产量提高有关。

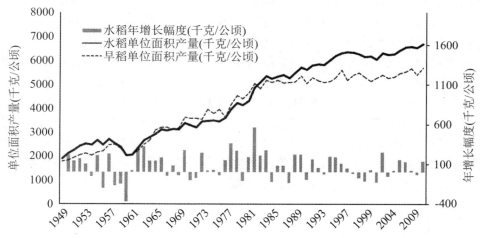

图 2.4　中国 1949～2011 年水稻年增长幅度,水稻与早稻的单位面积产量
注:数据来源于《中国农村统计年鉴》(1980～2012 年)。

4. 面对当前中国长江流域双季稻的发展趋势,我们能做什么

面对水稻单位产量的大幅度提升和农村正面临的一系列变革冲击,如农村剩余劳动力转移、农业劳动力老龄化以及农户家庭收入构成中农业收入份额的日趋减少等,提倡种植双季稻是否已不再有必要? 或者说,是不是应该顺应现阶段双季稻种植不断萎缩的趋势并逐渐让双季稻退出历史舞台? 我们认为,要回答上述问题,主要取决于以下两个标准:

第一,农业技术进步与耕地资源减少之间的博弈。步入 21 世纪后,出于粮食安全和环境保护等方面的考虑,中国做出了比较严格的耕地资源利用限制和红线,但整体上说,中国耕地资源在城市(镇)化、工业化和市场化进程中还是不断减少的,而粮食产量在某种程度上又高度正相关于耕地资源数量。与之对应,图 2.4 显示出的水稻单位面积产量提升难度的增加,技术进步能否继续助力农业生产或增产,还需要农业科研人员的继续攻关。因此,在未来中国的稻谷总需求不变或者小幅度提升(中国未来人口政策的变动)的要求下,耕地资源减少的速度能否通过农

业技术进步来补充,这就为发展双季稻提供了一个合适的理由。

第二,耕地资源节约利用率。将水稻放诸于中国整个农作物体系中来看,同等量的稻谷,双季稻能够比单季稻节约 50%～100% 不等的耕地面积。黄国勤(2001)测算得出,1956 年南方耕地复种指数为 168.84%,到 1977 年净增长近 40 个百分点,达到 207.97%,年均增长 1.8 个百分点,相当于南方每年净增耕地 1000 万亩以上。在中国居民的粮食消费中,稻米占据重要的地位,如果稻米生产自给率的下滑幅度较大,将导致粮食安全的平衡目标中,通过增加水稻种植面积以补充稻谷供给缺口,这势必会使得国内其他粮食作物(如小麦、玉米和大豆等)面临更大的进口压力(黄季焜等,1996;陆文聪等,2004;陆文聪等,2010)。因此,双季稻的耕地节约优势不言而喻,发展双季稻,或许可以腾出有限的耕地资源来进行其他农产品的生产,这对于确保和完成中国部分农产品自给率的要求,可能是一条行之有效的解决途径。

基于上述的认识和判断,我们认为应当重视当前中国长江流域的农户水稻"双改单"的演变趋势,水稻复种指数的下降,可能会对粮食安全和资源利用率产生或多或少的不利冲击。现阶段我们能做的,首先是摸清楚农户关于双季稻生产的困难、顾虑以及可能的解决之道;其次是尝试构建和探讨一些新型农业生产主体及可行性。

2.2.2 农户稻作制度选择变化的因素综述:劳动力禀赋、农机服务与收入

1. 围绕农户稻作制度选择变化的国内外研究综述

国内外研究关注长江流域双季稻发展的主要原因有两点:一是由于长江流域在中国粮食生产格局中的重要性。据相关资料显示,长江流域总面积为 180 万平方千米,占中国国土面积的 18.8%,该流域横跨中国亚热带地区,流域内气候温暖湿润,光照、降水与积温资源丰富(刘新平,1999),十分有利于粮食作物生长,其中大部分地区可以发展双季稻,实施"小麦/油菜＋水稻＋水稻"的一年三熟制。同时,长江流域是中国耕作土壤条件最好的地区之一,中国水田面积的 2/3 集中于此,其中水田面积占了全区耕地总面积的 61%,而且质量好、肥力高的一级耕地面积占耕地总面积的 49.5%,比全国平均水平高出 8.2 个百分点(陈印军等,1998;杨林章等,1998)。更为重要的是,长江流域是中国主要的水稻主产区和消费区(刘新平,2001),中国稻米总产量的 2/3 产于长江流域。二是受到城市化、工业化等经济社会发展和农业结构调整的综合影响,长江流域水稻种植面积连年下降(陈印军

17

等,1998)。据《中国统计年鉴》记载,长江流域[1]水稻播种面积从1978年的22528.54千公顷下降到2012年的17533.10千公顷,降幅达22.17%,其中水稻播种面积下降的很大一部分原因是双季稻播种面积的减少。朱德峰等(2013)指出,20世纪70年代中期以来,中国双季稻种植面积占水稻总面积比例持续下降,从当时的71%下降到近年的40%左右。

关于中国长江流域农户稻作制度选择上的"双改单"倾向,引起了众多学者的探讨,尤其对这一现象产生的原因、作用机理与改善路径,及其对国家粮食安全的冲击和影响评估等方面倾入了较多的研究。从稻作制度演变现状和其对粮食安全的影响来看,刘朝旭等(2012)通过湖南省农户调查发现,农户选择种植双季稻的比例较低,而且双季稻种植意愿存在不断下降的趋势。双季稻改种单季稻是造成中国水稻播种总面积下降的重要推手之一。水稻"双改单"对中国粮食供给安全产生的影响,突出的问题是东南沿海地区粮食自给率下降,大米产需矛盾逐渐显露,北粮南运[2]逐渐趋于常态化(郑有贵等,1999;张新民等,1997;郭玮,1999;瞿商等,2003;刘玉杰等,2007)。

2. 农户家庭劳动力禀赋变化对稻作制度选择变化的影响

20世纪90年代以来,在城乡市场化改革加速的条件下,中国形成了人类和平历史上最大规模的人口迁移和劳动力流动现象(蔡昉等,2008),尤其是大量的农村劳动力从农业生产领域退出或选择非农就业。城乡间人口流动相对宽松和劳动力市场不断发育,不同劳动力由此具有不同务农机会成本,具备比较优势的男性劳动力选择外出或从事非农活动,而老人、妇女则成为农业生产和家庭劳动的主力军(庞丽华等,2003;吴海盛,2008;田玉军等,2010;薛福根等,2013)。

农村劳动力数量上的减少,同时伴随着劳动力禀赋如健康状况、受教育程度、年龄、性别、专有技能与社会资本等方面(郭熙保等,2010)的变化,这种劳动力变化会给农业发展带来怎样的影响?有研究表明,农业劳动者数量减少和平均质量降低,会进一步降低家庭农业生产水平和总产出水平。农村劳动力资源的流失不利于农业发展,也不利于农业现代化的实现(范海燕等,2007;孙文华,2008;田玉军等,2010;朱启臻等,2011;乔颖丽等,2012)。周端明(2002)形象地指出,现代城市如同一张大网,通过它把大量农业优质劳动力网罗到城市,使农业劳动力整体素质降低。孙文华(2008)指出,农村劳动力个体间不断增大的禀赋差异,使得农户在生

---

① 长江流域主要包含四川省、重庆市、湖北省、湖南省、江西省、安徽省、江苏省、上海市和浙江省,此7省2市主要分布于长江流域的干流地区。

② 北粮南运对平衡国内粮食供需矛盾起到了显著效果,但有研究也担心水稻主产区北移可能对生态安全产生不可预计的后果,如会加剧北方天然草地资源的大规模开垦和水资源的过度开采等(刘玉杰等,2007)。

产决策和资源配置中的差异性越发显著,主要表现为非同质的农村劳动力在农业生产活动的参与程度上存在明显差异,同时农户劳动力禀赋不同,参与农业生产时做出的生产决策也不同(马九杰等,2013)。田玉军等(2009)发现,劳动力机会成本上升对农地生产决策有明显影响,农户偏向选择种植劳动力净产值高的农作物,诸如马铃薯、水稻和玉米,这一选择导致其他农作物种植面积的下降,而使得农地利用结构趋于单一化,更有一部分劣质耕地因净收益降低或者农户兼业等原因被出租、弃耕,甚至撂荒。

同时,一部分学者对农村劳动力转移所带来的务农劳动力禀赋降低而可能对农业生产产生的不利影响给予了不同看法。如林本喜等(2012)发现,农户主要劳动力年龄对土地利用效率不存在显著影响,认为担心农业劳动力老龄化带来农业危机的必要性不大。胡雪枝等(2012)指出,老年农户与年轻农户在粮食作物种植决策上没有明显差异,两组对比显示,农户在主要的生产要素投入水平上没有明显不同,而且在水稻、小麦、玉米和大豆等粮食作物单产上也没有明显差异,这主要是由于大田作物生产过程中的决策趋同和农业机械"外包"服务的普及。周宏等(2014)也将农村社会化服务纳入水稻生产效率缺失的模型中,发现农村劳动力老龄化并未对中国水稻生产效率产生显著的负面影响。

综上所述,农户家庭劳动力择优转移所带来的农业劳动力数量与质量上的变化对农业生产与农村经济社会发展的影响是复杂的,主要表现在以下三个方面:第一,农户家庭劳动力转移和非农化有积极的一面,这种变化对提高农户家庭经济收入起到了重要的促进作用,并且一部分劳动力的永久性迁移对农村土地重新分配和规模化经营发展提供了可能性。但是,正如 H·孟德拉斯(1964)在《农民的终结》中指出的,农村人口外流是农业进步的必要条件,但不是充分条件,农村人口外流也会带来地区的衰落,甚至造成流动而无发展的农村"空心化",而这正是我们需要努力避免的(沙志芳,2007)。第二,农户优质劳动力流出导致了优质劳动力从农业生产领域的退出,加剧了当前农村"三亲农业①"的广泛存在,也增强了农户在超小规模经营下的自给性温饱目标,使中国农业长期停留在温饱农业阶段,这不利于农业技术进步与农业转型(周端明,2002;邹晓娟等,2011),而且禀赋不断降低的农业劳动者队伍对农业发展的支撑力是极其有限的,还会进一步强化农业的弱质性(李旻等,2009;李澜,2009;陈锡文等;2011)。第三,优质劳动力从农业生产领域逐步流出的现象,在以后相当长的时间内还会持续,同时没有新的劳动力补充进来或者缺少必要的农业技术进步,将对未来的国家粮食安全产生累积性的负面影响(孙文华,2008)。

具体就当前农村劳动力择优转移对长江流域稻作区双季稻生产的影响而言,

---

① 指农业主要劳动力是老年人和中年妇女。

不少调查研究直接指出,水稻生产上的"劳动力年纪太大""劳动力不够""雇不到人"等是农户双季稻改种单季稻的首要原因(辛良杰等,2009;翁贞林等,2009;彭春芳,2010;黄总智,2010;陈风波等,2011;刘朝旭等,2012),其中,双季稻生产过程中凸显的劳动力劣势主要体现在早稻与晚稻生产衔接过程中的"抢收"与"抢种"上,这一过程具有季节性强、时间短和劳动强度大的显著特点。

3. 农机服务对稻作制度选择变化的影响

由于农村劳动力转移,引起农村劳动力成本上升,水稻生产中雇佣劳动力的费用上升较快,雇工也受到当地农业劳动力市场供给量的制约,尤其是农忙时节的农活工价会大幅度上扬,这些外在条件促进了农机市场的发展和农村机械外包服务的发育(陈茂奇等,2000;蔡昉等,2008),甚至激发了农忙时节中国自南向北的跨区域农机服务的出现(Yang et al.,2013)。农村农机服务与功能的大力发展,使得农机由早期的动力装备(如拖拉机)逐步升级到耕种、植保和收获等多功能的农机设备,农机在水稻生产上的要素替代优势越发明显,而且机械作业费与劳动力价格比率的下降(黄延廷,2011),使其逐渐成为生产上不可或缺的要素之一。

黄总智(2010)在论述中国农业变迁的推动力中指出,19世纪50年代到80年代,拖拉机促使江南地区农业在水稻和冬小麦之上再加一茬,变成"早稻+晚稻+冬小麦"的一年三茬制度,拖拉机的出现使得8月初在10天之内完成"抢收早稻"与"抢种晚稻"的"双抢"成为可能,也使得在11月份的"抢收晚稻""抢种小麦"成为可能。应瑞瑶等(2013)指出改革开放至今,同为长三角地区发达省份的江、浙两省在粮食生产演变上表现出较大的差异性的原因在于,浙江省多丘陵的地形特征限制了农业机械的发展,使得农业机械对劳动力的替代弹性较小,农户出于对劳动机会成本的考虑及对自然改造无能为力的情况下,处于丘陵地区和山区的农户选择调整生产结构或者改变农业生产经营方式,最终导致浙江省粮食播种面积锐减和粮食产量的逐年下降。

可以说,农机使用较好地替代了劳动力,降低劳动力在水稻生产上的劳动时间和劳动强度,也提高了农户的劳动生产率[1],并能有效地增加农户收入[2](侯方安,2008;黄季焜等,1996;刘玉梅等,2005;McNamara,2005)。侯方安(2008)指出,农

---

[1]　农业劳动生产率是农业劳动成果与劳动时间的比率,反映农业劳动者的生产效率。它通常用农业劳动者在单位时间内的农产品数量来表示,也可以用生产单位农产品所消耗的劳动时间来表示,单位时间内所生产的农产品数量越多,或者生产单位农产品消耗的劳动时间越少,则农业劳动生产率越高(马忠东等,2004;盛来运,2007;Hayami et al.,1980;林政,2009;张忠根,2010)。

[2]　农机服务发展使得农民缩短了劳动时间,从而腾出更多的时间用于休息、娱乐、学习或者非农就业,改善农民生产、生活条件,也可增加农民收入(侯方安,2008;张忠根,2010)。反过来,农民收入水平越高,对农用服务的支付能力越强(侯方安,2008),且相应的农业劳动力的机会成本也可能越高(黄季焜等,1996;刘玉梅等,2005;McNamara et al.,2005),更能刺激农户采用劳动节约型技术来替代劳动力(林坚等,2013)。

业机械化已经成为改善农户生产、生活条件,提高农业劳动生产率和增加农户收入的重要手段。无论农户的收入来源于农业还是非农产业,只要不放弃承包地的经营权,农户收入的提高将是农业机械化发展的积极因素。然而也需要注意到的是,农机的使用也受到自然环境(如丘陵与山区等)、农业生产条件和市场发育程度等因素的制约(张文毅等,2011;朱德峰等,2013;应瑞瑶等,2013),尤其是对双季稻生产而言,地区农机保有量的问题突出,"双抢"的短时间要求对地区农机数量和机械效率均提出了较高的要求①。

4. 农户收入变化对稻作制度选择变化的影响

已有研究表明,农户种粮净收益的日趋下降,对粮食生产具有一定程度的负面影响,如赵玻等(2005)指出,农户种粮收入或者净收益是其改变生产行为的首要因素,通过保障合理的种粮收益来提高农户种粮积极性才是保证粮食安全的决定性因素(曾福生等,2011)。

从解析生产利润结构来看,水稻种植净利润的下降主要源于相对平稳的稻作收入与增长过快的成本支出两个方面。一方面,在水稻产量小幅度增加的现状下,稻谷收购价的变动直接影响到农户种稻收入的变化幅度,尽管国家从 2004 年开始就已采取了"三减免""三补贴"的措施,以及 2005 年大幅度提高粮食收购价格,但仍未能有效遏制住农户水稻"双改单"的现象,而且有研究也指出农户双季稻的种植意愿仍在不断下降(刘朝旭等,2012)。另一方面,农资产品价格的过猛上涨导致农业生产成本急剧攀升,过多地侵蚀了稻农的种稻收益(陈汉圣等,1997;刘朝旭等,2012),使得农户种植双季稻的积极性降低,甚至促使农户向隐形抛荒或者弃种的方向演变。有关粮食成本收益的文献表明,生产资料价格与劳动力价格的不断上涨是影响粮食生产收益的重要因素,而降低粮食生产成本是增加农户收入的重要途径(刘志刚等,2006;柴斌锋等,2007;蒋远胜等,2007)。王薇薇等(2008)强调,降低农户粮食生产成本的关键在于控制农业生产资料价格的过快上涨。田玉军等(2009)发现,劳动力机会成本上升对农地生产决策有明显影响,农户偏向选择种植劳动力净产值高的作物,诸如马铃薯和玉米,这一选择导致其他作物种植面积的下降,也使得农地利用结构趋于单一化。更有相关研究直接指出,水稻净收益偏低使得农户转向生产更加有利可图的蔬菜类作物(Verburg et al.,2001;Berg et al.,2007)。同时,粮食生产补贴政策作为提升农户种粮积极性与收入补贴的手段,在政策执行初期,这可以有效地降低农户粮食生产成本以增加种粮收益(李鹏等,2006)。

---

① 一个地区最优农机保有量的边界较难确定,若仅为发展双季稻配套足够数量的农机装备,那么在某种程度上会造成一定的浪费或闲置。

5. 粮食补贴政策的"制度缺陷"与气候变化对稻作制度选择变化的影响

在梳理影响农户稻作制度选择变化的因素中,国家粮食补贴政策对农户种稻决策的影响程度有限,而且日趋不稳定的气候变化也在一定程度上增加了农户对闲暇福利和劳动投入之间的偏好改变。

已有研究发现,国家粮食补贴资金对调动农户种粮积极性的作用有限,因补贴按农户分配的田亩面积计发,种与不种都享受补贴,不能体现"谁种粮谁受益"的激励作用(翁贞林等,2009;邓玉增,2012)。虽然地方政府多数实现对双季稻生产者实行免费供种或者奖励现金等政策,但对那些不想种和种不了的农户同样没有吸引力,仍然调动不了他们种双季稻的热情。另外,粮食补贴政策在实施初期具有一定的积极作用,但已有的发达国家经验表明,任何与生产有关的政策和补贴最终必然转化为土地价格和地租的上升,导致投资和经营成本增加,这与农户作为劳动者的收入无关(Gardner,2000;顾和军,2008)。

农户对闲暇的重视主要是受到气候变化不稳定的影响。首先,气候变化增加了农业产量的不稳定性;其次,气候变化的复杂性增加了农业田间管理难度,如气候不稳定或异常,增加了农户田间管理的劳动量。水稻生产期内的高温、热浪等极端天气增多,增加了农户的田间劳动强度。这一系列的外在影响,促使了农户选择相对简单的单季稻种植,以减少劳动投入来实现自身对闲暇福利的支配。

另外,陈风波(2011)指出,农村水利设施不好会促使农户改种单季稻,以减少农业生产损失。马志雄等(2012)研究表明,步行距离近、地块面积大、有机耕路、灌溉条件好、非冷浸田的地块更可能选择双季稻种植,当条件相反时,农户的种植模式倾向于种植单季稻。由于水稻具有大田生产的外部性,村庄农户的种植行为将显著地左右农户自身的生产决策,因此龙国项(2008)和翁贞林等(2009)均就村庄的稻作制度选择对农户的影响进行了讨论。

2.2.3 农户家庭收入与稻作制度选择的关系综述

梳理相关文献资料能够发现,农户家庭收入与稻作制度选择之间有着重要的影响关系。尹昌斌等(2003)指出,水稻生产效益不高及其对总收入增长的贡献份额有限,是长江中下游地区农户稻田改制的重要原因之一,274个调查样本中有64.7%的农户调减早稻面积而改种单季稻。翁贞林等(2009)通过对江西省619个种稻大户的研究数据发现,"务工收入比"对大户稻作模式改变有显著的正向影响。刘朝旭等(2012)的研究表明,家庭人均可支配收入与农户双季稻决策具有显著的负相关性,人均可支配收入每增加1元,农户对双季稻决策行为的概率会减少4.1%。但是,农户的不同收入结构会对稻作制度选择决策产生不同的影响。一般来说,农户家庭收入可分为农业收入和非农就业收入两大部分,而且农业收入又可以进一步细分为水稻种植收入和其他农作物的种植收入。上述不同收入构成对农户稻作制度选择决策具有不同的影响。具体表现在以下几个方面：

第一，水稻种植收入[①]的增长会激励农户扩大水稻种植面积或通过提高土地复种指数的形式来选择双季稻。然而，由于农资价格上涨过猛和稻谷收购价过低（刘朝旭等，2012），不断攀升的生产成本过多地降低了种稻收入，也降低了农户水稻种植的积极性，更在某种程度上加剧了原有的水稻生产资源（如劳动时间或物质资本等）向其他农作物或者非农生产活动上转移的可能性。图 2.5 显示，水稻种植收入占家庭收入的平均比重从 1985 年的 50％以上下降到 2012 年的 26.8％，降幅约为 24 个百分点。

第二，其他农作物（尤其是水稻替代作物）净收益增长使得农户往往放弃相对低收益的水稻生产，改种经济收益相对高的其他农作物。钟甫宁等（2007）指出，中国不同区域的水稻生产相对于替代作物净收益的差异是导致不同区域水稻生产布局变化的直接原因。

第三，农户家庭非农收入的增长，这与农户家庭要素资源的禀赋相关，也与农业生产相关。因为非农就业活动作为农户家庭非农收入的重要来源，它在一定程度上需要挤占务农时间，务农生产上的劳动时间过多势必减少农户非农就业活动的有效时间和可能性。随着农户家庭非农收入的提高和非农收入对家庭总收入的贡献程度逐渐增大，农户更愿意将劳动时间较多地分配到非农活动上，这会使农户降低农业劳动投入，致使农户更倾向于减少种植双季稻而选择单季稻。

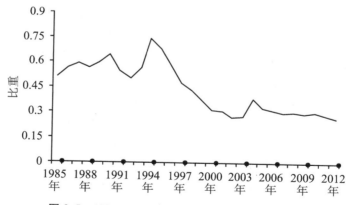

图 2.5　1985～2012 年水稻收入占家庭收入比重

注：数据来源于《中国统计年鉴》与《中国农业统计资料》（1996～2012 年）。

对于长江中下游地区来说，水稻种植收入在很长时间内一直是农户家庭收入

---

① 在双季稻种植利润普遍不高的情况下，不排除农户通过选择规模经营、要素节约等提高劳动生产率或节约成本支出等途径来实现种稻收入增长（王全忠等，2013）。

的主要来源之一(王雅鹏,2005)。然而,由于中国城乡发展和经济结构发生相应变化(蔡昉,2008),在农户家庭的收入构成中,工资性收入比例不断上升而农业收入比例则出现下降的趋势。相对单季稻而言,虽然双季稻可有效地提高稻谷总产量和单位面积的水稻种植收入,但是双季稻在劳动时间、强度上高出单季稻的现实特征,使得农户往往倾向于将更多劳动资源配置到其他农作物或者非农就业活动上以获取更高的收入,从而减少双季稻的种植面积。可以说,仅从单双季水稻种植收益来看,双季稻种植对家庭农业收入具有一定的促进作用,但是从更广泛的农户家庭总收入来看,劳动资源约束和水稻相对收益可能反而会促进农户做出倾向于单季稻的选择。

2.2.4　农户种植结构变化与稻作制度选择的关系综述

在当前已有的研究资料中,关于农户稻作制度选择与种植业结构变化之间的机理和影响关系鲜有论及。水稻作为农户种植结构的重要构成部分之一,由于农户家庭农业生产资源配置的关联性,稻作制度选择的变化直接导致其他农作物甚至整个种植结构的相对变化。相反,种植结构变化也同样会对水稻生产决策产生影响。

农户水稻复种指数下降或播种面积减少和稻田改制等行为,会直接导致原先的水稻生产资源(耕地、劳动力或资金等)向其他领域流动,例如 Marrit et al. (2007)研究中国浙江省粮食生产时发现,在目前的农田规模下,政府关于增加农村收入与提升水稻产量的双重目标存在着明显矛盾,农户可以通过非农工资来提高收入,或者完全转向生产更加有利可图的蔬菜类作物。吴清华等(2015)也概述了1995~2013年中国种植业结构中粮食作物比例下降,油料作物与经济作物比例有所下降,而果蔬作物种植比例增长显著(熊德平,2002)。薛庆根等(2014)在长期追踪江苏省农户的数据时发现,农户种植业结构调整中户均蔬菜的种植面积则呈现出不断上升的势头。值得注意的是,在讨论农户种植结构变化与稻作制度选择的影响过程中,无法忽略村庄农业生产活动"外部性"的影响[①],这是因为水稻是传统的大田作物之一,连片种植的特点致使农户的水稻生产决策不仅受到自身资源禀赋的影响,也在一定程度上受到相邻地块农户的限制,从而表现出一定程度的决策非独立性,此外,水稻种植特点往往更多地受到家庭自身、邻里和村庄的综合影响。

然而,当前较多关于农户水稻生产行为变化或种植业结构调整的研究均假定是基于自身资源禀赋的一种独立决策的反映(杨志武等,2010),如将某一种生产行为的

---

　　① 对农户生产决策来说,村庄农业生产活动"外部性"影响的来源具有多个方面,例如,村庄的水稻生产决策变化、村庄的种植业结构调整,以及村庄劳动力的外出就业程度、村庄文化传统和农业生产技术变化等诸多方面。

变化归因于家庭劳动力流动所带来的农业劳动力不足或者老龄化等,张建杰(2007)指出,农户粮作经营行为取向是对自身因素与外界环境变化的一种理性反应。但不能忽略的是,作为大田类作物的水稻生产所特有的外部性对单个农户的种植决策的影响,尤其是当同村乡邻做出稻作制度选择的行为变化时,生产决策的"外部效应"(externality)会使得相邻的农户主动或者被动地接受并调整这种集体或多数农户的行为选择。产生这一生产决策外部效应的原因主要是大田农作物的连片种植与生产时间的同步性所带来的生产、管理与劳动的趋同,如张兆同等(2009)发现,传统种植习惯和从众行为特征等是农户决策时相对比较重要的影响因素。

可以说,农户变动种植结构或者进行稻作制度选择调整的核心动机,还是不同作物之间的相对种植净收益水平,生产实践中的种植结构变化决策不仅仅依赖于农户家庭禀赋特征,还受到耕地、地块和村庄生产行为的外在约束。

2.2.5 农机服务与农户家庭收入的关系综述

农机服务与农户收入之间的关系论述,主要从两个方面展开:一是农户家庭收入对农机需求的影响和农户农机需求是通过自有(投资)还是雇佣农机(社会化)服务来实现的。刘玉梅等(2009)指出,农户家庭收入水平对农机装备的需求具有决定性的影响,收入水平较高的农户对农机装备的需求也相对较多。纪月清等(2013a)在区分农户农机投资和服务利用差别的基础上,通过安徽省的农户调查数据发现,非农就业增加以后,农户会增加农机服务的投入以替代减少的劳动,这与已有研究发现的非农就业与农户农机具等固定资产投资的负向关系(刘承芳等,2002;刘荣茂等,2006;朱民等,1997)形成了对照。当然,农户自有或购买(投资)农机具的行为与农户耕地规模、机械操作能力和收入水平等因素是密切相关的,如林万龙等(2007)指出,农民土地经营规模、种植业生产的专业化程度、农户家庭经营性收入水平和已有的农机动力存量等是影响农业机械私人投资的主要因素。二是农机服务是如何增加农户家庭收入的。在农业生产实践上,农机的使用和发展有利于增加农民收入主要表现在争抢农时、减少粮食收获损失和有利于农业劳动力的转移等诸多方面(张也庸等,2009)。然而,也有学者认为二者之间的作用并不显著。纪月清等(2013b)指出,农机投入是农业生产过程中重要的生产要素,追求利益最大化的农户会根据生产技术、产品价格和要素价格决定农业机械的投入量。农机服务在提高单位产出的同时,随着农业生产资料、雇佣价格的上升,再加上粮食需求弹性较小,致使农机服务对农业收入的作用效果并不显著。章磷等(2014)通过黑龙江省农户调查数据发现,农机服务的投入对农民收入具有正面影响,但其所带来的效益并不显著,而农机服务对非农收入的促进效果是通过其对劳动力的替代所体现的,但是农机服务对劳动力并不是无限替代的,其对非农收入的影响取决于它能够释放出多少劳动力。

通过上述梳理能够发现,农机服务和农户收入之间具有相互影响的关系。一方面,出于降低劳动强度和规避家庭劳动力转移等多方面的原因,农户家庭收入增长会激发在农业生产上使用农机设备的意愿,也增加了农户对于农机使用的支付能力。结合生产实践中的农机发展趋势和农户分化特征,未来小农户可能会偏向于选择农机服务来调配农业生产。相反,规模化农户(种粮大户与家庭农场等)由于资本相对宽裕和生产需要,以及依托国家农机购置补贴政策的支持,将可能成为购置农机和向社会提供农机服务的主体,而且规模户、专业户的农机横向联合(同类型农机数量)和纵向联合(不同类型农机)结合,将可能进一步推进农业机械化和农业现代化的进程(刘玉梅等,2009)。另一方面,农机服务提升农户收入的作用机理主要体现在提高劳动生产率、土地产出率和增加非农就业时间三个方面(章磷等,2014)。从农户收入分为农业收入和非农收入来看,首先,考虑到农户农业收入来源的广泛性,农机服务能否通过提高劳动生产率和土地产出率来促进农户农业收入的增长,这一问题仍有待实证验证[①]。其次,就农机服务对农户非农收入的影响机制而言,农业机械化最基本的功能是实现了农业机械对人畜力的劳动替代,这显著地降低了人力劳动的强度(王新志,2015),也降低了农业生产劳动力的强约束。更为关键的是,农机服务缓解农户家庭劳动约束的同时,不仅降低了农业生产者的农业劳动时间,也变相地增加了农户的劳动时间容量,为农业生产以外的兼业活动创造了条件,而且这样的劳动节约型技术的采纳,也在一定程度上助推了农户家庭成员的向外转移和长期外出就业(避免农忙时节的劳动力迁徙)。

最后,归纳农机服务之所以能够得到最为迅速的发展,主要原因有两点:一是农村优质劳动力外流所带来的农业生产要素配置的改变,引致了农机服务需求的上升。由于农村劳动转移所形成的农业劳动力数量和质量下降(如老龄化等),为了缓解农业劳动力劣势和稳定生产,促进了农户选择使用农业机械化装备以对人力、畜力进行替代,而且有不少证据也表明农机装备在生产效率等方面要远高于人力、畜力。二是以家庭收入增长为目标的农户非农就业行为的增多,要求更充分地将劳动力从农业生产上释放出来的内在动力,促进产生了更便捷和更经济的农机服务。同时,农户自购农机、农机合作社及跨区农机流动作业队等社会化服务形式的日趋多样化,加大了农户获取农机服务的便捷性,也逐渐强化了农户的农机选择意愿。

---

① 农业生产率提高的源泉除了技术创新的"硬进步"以外,管理水平的"软进步"也能推动生产率的提高,这其中各种社会化服务(包括农机服务、外包服务等)作为企业管理战略范畴的微观决策行为,体现了现代农业社会化分工和规模经营的本质特点,是一种现代管理理念和管理模式,也对农业生产率的提高产生了积极作用(陈超等,2012)。

2.2.6　简要评述

影响农户稻作制度选择的因素是多方面的,尤其是在当前中国城乡经济社会快速发展的过程中,诸如农村劳动力"择优转移"、老龄化、农机服务市场发展和粮食政策等多重因素叠加,致使长江流域单双季稻作区内农户的稻作制度选择存在多种演变方向的不确定性,这其中关于农户水稻复种指数下降、双季稻面积减少及稻田改制等倾向明显的现象进入公众视野并引起了持续的关注。

基于农户收入视角来探析稻作制度选择的原因,实际上是农户合理配置自身耕地和劳动力资源以追求收入最大化的问题。一方面,农户家庭耕地资源涉及"种什么? 怎么种? 能够收益多少?"的农作物种植决策,其中对于水稻生产决策来说,替代农作物与水稻之间相对净收益的变化及不同作物组合形式所能带来的全年最大收益,将会影响到农户稻作制度选择的决策。另一方面,农户家庭实现农业生产和非农就业活动收入最大化目标所形成的劳动力转移与劳动分工,已在一定程度上影响到农户的农业生产决策与行为。然而,在当前已有的关于农户稻作制度选择的影响因素的研究资料中,尚缺少系统地阐述农户收入对稻作制度选择的作用机制和影响程度。从农业生产实践的角度来看,不论这一问题的结果如何,都将为发展长江流域单双季稻作区的双季稻提供了一个有效的参考方向。

2.3　相关理论基础

2.3.1　家庭劳动分工理论

在古典经济学和新兴古典经济学的相关文献中,都对劳动分工给予过精辟的论述(杨小凯,2003;郭剑雄等,2010)。《国富论》中提出劳动分工是促进生产率提升的主要手段,用货币而非物物交换会降低交易成本,允许更大程度的专业化和更高水平的劳动分工,进而引致经济增长(于秋华,2007;李敬等,2007)。

抛开宏观经济中关于劳动分工的精彩论述,而将视野缩小到家庭内部来看,加里·贝克尔(Becker)无疑是系统地深入研究家庭内部分工的肇始人,其认为家庭成员之间的分工仅部分地取决于生理上的差异,更为重要的是劳动经验与人力资本的不同。Ellis(1988)进一步关注到,家庭内部男性和女性之间的劳动分工差异是由"社会地"而非"生物学地"决定的,社会确定了家庭内男性、女性和儿童的特殊经济地位。国内一些研究者将上述模型不断拓展以解释中国农户家庭组织及其分工决策对农户收入和生产行为的变化及影响,如曹阳等(2005)发现,家庭成员之间的劳动配置决策是相互依存和相互影响的。马捷等(2006)表明,农户家庭内部不同劳动力之间的分工主要受到家庭成员福利最大化目标函数的影响。钱忠好(2008)指出,农户的生产决策通常是利用家庭成员的比较优势,在农业生产与非农产业之间合理地配置劳动力资源,以期实现家庭收入的最大化。郭剑雄等(2010)认为,农户人均收入水平主要决定于其家庭劳动力资源在工资率不同的就业机会中的选择性配置,而劳动力就业机会的选择和获得在很大程度上又是家庭人口生产(数量-质量)偏好的函数。

本书中的分析借鉴了基于人口生产偏好转变[①]的农户劳动力分工模型,这一模型论述参照了 Becker et al. (1988)、钱忠好(2008)和郭剑雄等(2010)的论述。家庭人口生产(数量-质量)偏好的转变,放弃了新古典经济学的劳动力同质性的假设,这一假设的修正尤其对于解析现阶段的中国农村问题更加有说服力。

为研究方便起见,我们可对理论模型做如下假设:

(1)农户家庭可在农业与非农两个部门就业,并且非农部门的均衡工资高于农业部门。

(2)农户家庭由多人构成,但家庭生产系统主要由男性和女性两个劳动力组成。由于家庭中存在利他主义,即不同成员之间的效用是可转移的,因此家庭资源配置将建立在统一的家庭效用函数之上,家庭生产目标是实现家庭总收入最大化。

(3)将存在人力资本差异的劳动力简化为高技能劳动力 L_h 和低技能劳动力 L_l 两类,家庭总劳动力 $L = L_h + L_l$。对应于中国农户的实际情况,多数研究基本默认农户家庭中男性劳动力的人力资本高于女性劳动力,如钱忠好(2008)认为 L_h 和 L_l 分别对应家庭男性和女性劳动力。

(4)基于统一的家庭效用函数,家庭劳动成员之间可以实行有效的劳动分工,从而使家庭生产呈现联合生产的特征。

(5)农户家庭仅生产市场产品,包括农产品与非农产品(如服务等),暂不考虑家庭内的消费情况。

(6)农业劳动投入遵循边际报酬递减规律,而且不同水平的人力资本劳动力的非农边际收益率存在差异,假定人力资本水平与劳动力的非农边际收益率呈正相关。

根据以上假设,农户家庭内部的劳动分工决策的影响路径可由图 2.6 加以解

---

① 人口生产偏好转变实质上是不同人力资本水平的劳动力在农业与非农两部门之间的配置差异所诱发的农户家庭内部劳动分工转变。在现阶段的中国农村,不同劳动力特别是不同代际劳动力之间,以受教育程度衡量的人力资本水平呈现出明显的差异。由于城乡二元结构下的农业、非农部门之间存在着明显的技术类别、层次以及就业收益率的差距,当劳动力市场开放或流动政策宽松时,较高的文化、能力或技术水平是农业劳动力实现职业转换的有利条件。根据教育程度来甄别个人生产率作用的假说,雇主也往往把受教育程度作为识别和选择高能力雇员的有效方法。就业市场的这种筛选功能,导致了人力资本差异化的农村劳动力就业领域的不同,从而使农户家庭内的劳动分工格局出现了历史性改变(郭剑雄等,2010)。

析。图中,纵轴表示边际收益 MR,横轴表示农户家庭的劳动力,曲线 MR_a 表示农业边际收益;MR_{L_h} 和 MR_{L_l} 分别表示高、低两类人力资本水平的劳动力的非农边际收益,且有 $MR_{L_h} > MR_{L_l}$,这里的 MR_{L_h} 和 MR_{L_l} 是平行于横轴的直线,即假定了非农边际收益保持不变。钱忠好(2008)认为非农就业市场是完全竞争市场,农户家庭成员只是非农就业工资水平的被动接受者。

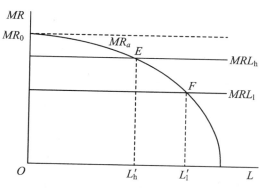

图 2.6　农户家庭分工决策

在图 2.6 中,家庭中高、低两类劳动力收益最大化时(即 MR_{L_h} 和 MR_{L_l} 与曲线 MR_a 的交点 E 和 F)的农业劳动投入量分别是 L_h' 和 L_l'。对于人力资本水平较高的劳动力(如家庭中的男性劳动力)来说,当 $MR_{L_h} < MR_a$ 时,即农业边际收益大于非农边际收益,此时 L_h 适宜于从事农业生产;当 $MR_{L_h} > MR_a$ 时,L_h 可以投入到非农生产活动中,尤其是当 $MR_{L_h} > MR_0$ 时,即农业边际收益绝对大于非农边际收益,此时 L_h 适宜完全从事于非农生产,也相当于从农业生产领域的退出。

依据农业与非农边际收益差异及不同人力资本水平的劳动力组合,农户家庭的劳动分工均衡情况如图 2.7(a)～图 2.7(d)所示,其中,农户家庭类型根据劳动力 L_h 和 L_l 的分工差异区分为专业化和兼业化①两类。从整体上看图 2.7 可发现,随着劳动力 L_h 和 L_l 非农边际收益的逐渐降低(a→b→c→d),意味着劳动者的非农就业机会在逐渐减少,相应地从事于农业生产活动的概率在逐渐增加。具体来看,对于图 2.7(a)来说,农户家庭中存在一个恒定的适宜于从事非农生产活动的劳动力($MR_{L_h} > MR_0$),另外一个劳动力(L_l)非农边际收益的高低则决定了农户家庭类型,此时农户家庭更多地会选择非农活动或者兼业,以实现家庭收入最大化目标。值得注意的是,图 2.7(c)中出现了非农边际收益为零的劳动力($MR_{L_l} = 0$),这在某种程度上与当前农户家庭中务农劳动力老龄化现象一致。尤其是在图 2.7(d)中,$MR_{L_h} = 0$ 与 $MR_{L_l} = 0$ 预示着农户家庭追求收入最大化目标的途径主要依赖于农业生产活动,

①　专业化是指农户家庭劳动力 L_h 和 L_l 同时适宜于从事农业或者非农生产活动,兼业化则是指劳动力 L_h 和 L_l 中一人从事农业活动而另外一人从事非农生产活动。

若在农业生产收益较低的情况下,这无疑会加大农户家庭的增收难度。

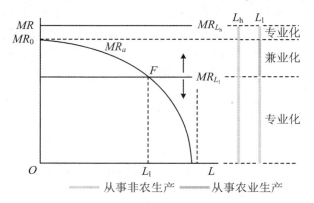

(a) 当 $MR_{L_h} > MR_0$ 时,$0 \leqslant MR_{L_l} < MR_0$

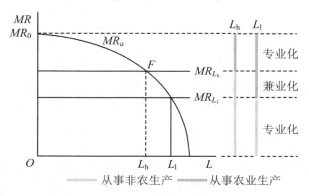

(b) 当 $0 < MR_{L_h} < MR_0$ 时,$0 \leqslant MR_{L_l} < MR_{L_h}$

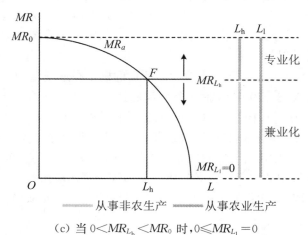

(c) 当 $0 < MR_{L_h} < MR_0$ 时,$0 \leqslant MR_{L_l} = 0$

图 2.7 农户家庭内部的劳动分工的均衡条件与状态

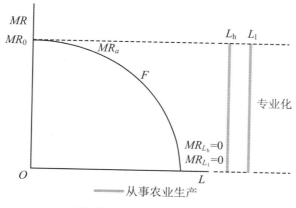

（d）当 $MR_{L_h}=0$ 时，$MR_{L_l}=0$

图 2.7　农户家庭内部的劳动分工的均衡条件与状态（续）

将上述理论分析与农户稻作制度选择联系起来，有以下三个发现：

（1）对农户家庭劳动力来说，非农就业机会增多和非农边际收益上升，将带来 MR_L 曲线上移，更容易促进农户家庭劳动力沿着务农→兼业化→非农生产活动的路径运动，由此造成的结果是农业生产活动更多地交付给非农边际收益较低的劳动力（如老人或者妇女等）所从事，这也在一定程度上解释了由于家庭劳动力变化所带来的水稻"双改单"现象。

（2）通过教育和职业培训等方式提高农村劳动力的人力资本，将推动非农边际收益曲线 MR_L 的上移，带来的结果可能是在更大程度上促进农村劳动力的转移或非农化，也会相应地增加非农生产收入在家庭总收入增长中的贡献份额。相反，这将在某种程度上降低了农业生产对于收入增长的贡献份额，直接的结果是降低农户从事农业生产的激励作用，甚至诱发其生产决策发生变化，如将农业生产稳定在维系家庭成员日常"够吃"或"够用"的消费水平上。换句话说，农业生产如此的低效用水平将促进农户选择单季稻，仅用以解决家庭的口粮需求。

然而问题也随之而来，提升农村劳动力人力资本会不利于双季稻的生产，那么国家大力倡导与发展的农村教育与培训项目是不是错误的呢？实际上，这一问题并没有矛盾，而是看研究目标是站在国家粮食安全的角度还是农户收入增长的角度上。发展长江流域双季稻生产能够保障和促进国家粮食安全，但是核心和前提是使农户收入增长，而本书探索的正是如何使得农户可以兼顾到双季稻和收入增长的双重目标。

（3）提高农业边际收益将对发展双季稻具有促进作用。农业边际收益的提高有利于缩小其与非农边际收益 MR_L 之间的差距，也相对容易诱发劳动力从事农业生产活动。如图 2.8 所示，当农业边际收益曲线 MR_a 向上移动到 MR_a' 时，意味着农业边际收益的提高，不难发现，农户家庭劳动力 L_h 和 L_l 从均适宜于从事非农生产活动的状态,演化成劳动力 L_l 适宜从事农业生产,农户家庭类型由初期的专业化(L_h 与 L_l)转变为兼业化(L_h 与 L_l')。而且也易发现,随着农业边际收益曲线 MR_a 进一步上移,将出现 $MR_1 > MR_{L_h}$ 的状态,表明高人力资本水平的劳动力 L_h 从事非农生产活动的概率在降低,并逐渐向图 2.7(b)演变,随后出现农户家庭劳动力均适宜从事农业生产的状态。这在一定程度上说明,发展双季稻的关键在于提升农业边际收益。

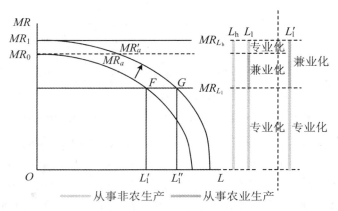

图 2.8　农业边际收益曲线上移后的农户家庭内部劳动分工的均衡状态

2.3.2　劳动节约型技术诱发理论

现代农业生产力的演进路径主要有两种:一是土地丰裕型;二是土地稀缺型。前者是以机械技术创新为先导,通过对劳动力这一稀缺要素进行替代,最大化地释放土地资源的生产潜力的过程;而后者是以生物与化学技术作为创新契机,通过对土地这一稀缺要素的替代,以最大化地释放劳动力资源的内在潜能的过程。从世界各国的农业现代化过程来看,两种发展路径的本质均是立足于本国或本地区自身生产要素禀赋的实际,以相对丰裕要素替代稀缺要素为特征的农业发展(Hayami et al.,1980;林政,2009),而且上述两个途径也均在中国农村与农业经济社会发展或变迁中得到了较好的印证,其中农业机械装备的投入显著地缓解了农业劳动力变迁所带来的压力,而科学选种与化肥使用(黄宗智,2010)则显著地提升了农作物单位面积产量水平,两种路径的结合使用,有效地确保了中国粮食安全。

结合本研究的研究目标,我们将重点阐述农业机械装备对农业生产的影响。假设农户在水稻生产中引进了收割机,而其他农户可通过农机服务市场来利用这一机械创新技术。由于收割机的出现,农户的生产函数从 I_1 移到 I_2,它表示收割机属于劳动节约型技术变化,在图 2.9 中,dL>dM,表示较小的农业机械 M 变化会引起较大的劳动力 L 变动。由于节约后的劳动可用于其他生产活动,因此农户愿意为此项服务支付费用。依据现行要素价格,均衡点从 A 点移到 B 点,促使劳动大幅地从 L_1 下降到 L_2,而代表租赁收割机的使用价格从 M_1 缓慢地上升到 M_2。然而在 B 点,农户遇到严重的失业问题,即原有的家庭劳动力在收割机出现后,L_1 $-L_2$ 部分劳动力已无需再投入到水稻生产中。

图 2.9 显示,要在新的技术条件下重新把闲置劳动吸收到生产中,产量需要增加的幅度。农户家庭重新获得充分就业的条件是产量提高到 I_3,达到均衡点 C,此时投入的劳动力 $L_3=L_1$,但是这需要在产出水平大幅度扩张的同时,也需要机械(也可以理解为机械使用的资本投入)增加到 M_3。机械量的增长,意味着需要投入相对多的资本,这与两方面相关:一是农户的收入水平,二是农户耕地经营面积。

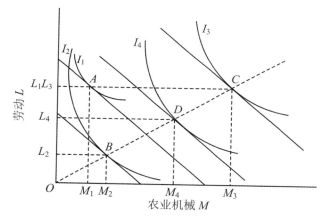

图 2.9　农业机械在农户生产上的影响路径

然而,结合中国当前农村的实情来看,可以发现:

(1)农户家庭的剩余劳动力允许转移或非农化。

(2)农户耕地流转来源和规模扩大速度有限。

(3)受到家庭收入约束,农户用于农业生产的机械资本 M 投入有限,那么,显然上述 C 点达到家庭劳动力充分就业(农业就业机会)的最大产量 I_3 将无法满足,而在机械使用对劳动力进行部分替代的条件下,农户经营的最佳要素投入组合应该在 D 点,此时 D 点是低于 C 点的一个均衡点,对应的生产水平为 I_4,有 $I_2<I_4<I_3$ 且 $M_2<M_4<M_3$,农户在 D 点上可以实现对农业劳动力和机械的最优配置。

综合以上的理论分析,给我们发展双季稻提供了四个重要启示:第一,小农经济在短期内无法被大规模农业生产模式(如家庭农场或农业企业等)所取代,路径 $A{\to}B{\to}C$ 短期内是无法达到的,取而代之的是构建一个农机服务、农户家庭劳动力和稻谷产量的最优配置,即路径 $A{\to}B{\to}D$ 的实现;第二,在气候条件适宜的长江流域稻作区,以现有的农业生产技术,将稻谷产量从 I_1 推升到 I_4 的一个切实可行的途径是发展双季稻;第三,水稻生产环节上的农机服务为发展双季稻提供了技术保障;第四,发展双季稻需要农户家庭收入的匹配。由于农机服务对水稻生产上的劳动力进行了有效替代,降低了水稻生产对劳动力(数量或质量)的要求,使得农户家庭中原本一部分非农机会成本较低的劳动力(如老年人等),在家庭劳动分工中被重新"安排"到农业生产上。这实际上也得益于生产要素替代,使得农户家庭遵循收入最大化目标而形成的一种劳动配置形式,也反过来为农户选择双季稻提供了成本支出的保障。

第3章　分析框架、研究假说与关键指标说明

本章首先概述了全文的分析框架，再分别使用农户模型（agricultural household model）阐述了农户种植结构变化对稻作制度选择的影响机理和农户非农收入对稻作制度选择的影响机理，进一步阐述了农机服务对水稻生产上劳动要素替代的作用机理和产生收入效应的原因。最后，给出本研究实证关键指标变量的解释说明。

3.1　分析框架概述

对于长江流域单双季稻作区的农户来说，耕地、光、水与热力资源分布决定了本地区农户多数执行一年二熟的农业耕种模式，尤其就水田而言，"稻＋稻"的复种模式一直以来是农户针对大田农作物而选择的主要种植模式之一。然而，由于农村劳动力"择优转移"、非农就业机会增加以及其他高收益农作物的推广等多种原因，导致了农户原有的水稻生产资源配置发生改变，并由此引发了农户稻作制度选择的变化。

追溯这种稻作制度选择行为变化的背后原因，主要是基于在当前市场经济中农户享有充分的生产经营自主权的情况下，农户作为"理性经济人"并依据收入的最大化目标来配置生产资源。尤其是在城乡经济社会的快速发展下，农户家庭劳动资源在不同生产活动上的边际收益差异变大，加速了农户家庭在收入增长目标下的劳动分工和劳动资源的重新配置，导致了农户家庭农业生产决策相应地发生变化，例如，农户家庭逐渐减少了水稻生产上的劳动力与劳动时间的投入，尤其是减少了需要支付高强度劳动力和时间需求的双季稻的生产活动。

在农户家庭收入构成中，非稻作物（尤其是水稻替代作物）收入和非农就业收入，对农户稻作制度选择决策有着重要的影响。非稻作物与水稻的相对净收益变

化,往往会诱发农户调整种植决策,变更全年农作物的组合形式以获得更高的经济收益。由于非农活动(如水产养殖或务工等)能获取更高的收入报酬或收益,因此这类活动与水稻生产之间在劳动时间上有一定的竞争性,从而使农户更愿意将劳动时间较多地配置到非农活动上,从而降低其在水稻生产上的劳动投入。

同时,正逐渐被引入水稻生产环节中的农机服务,已在一定程度上开始修正农户劳动资源的配置形式。农机服务及市场的不断发展①,降低了农业生产对劳动力禀赋(数量与质量等)的要求,也释放了劳动时间的硬约束。这种要素替代作用,使得农户可在农机服务和自身劳动资源的搭配下,对家庭农作物种植决策与兼业和非农活动②之间进行适当地调整,以追求更高的收入增长目标。

另外,在探讨农户稻作制度选择决策的影响因素时,无法忽略村庄农业生产外部性的客观存在。水稻作为长江流域稻作区的大田农作物,村庄及农户间的生产决策存在相互影响的基础条件(如连片种植、地块相连与生产管理趋同等),尤其是水稻、种植业结构与农户及村庄之间具有十分明显的交互影响作用。若仅在封闭的农户层面讨论稻作制度选择的影响因素及作用机理,可能会忽略水稻生产决策对村庄外部性影响。当然还有政策和自然环境也会影响农户稻作制度的选择的变化,这些影响在观测点数据中难以得到较好体现,本书中没有把这些作为主要的分析内容,因而没有进行仔细分析。

基于以上思路,从收入视角出发,本书将展开以下三个核心研究内容的讨论,并分析农户稻作制度选择变化的机理,分析框架图如图3.1所示。

(1)对比分析水稻替代作物的相对收益、稻作组合形式变化的收益差异是否会成为农户稻作制度选择变化的一个动因。进一步地,探讨农户家庭种植结构变化对稻作制度选择的影响程度和村庄水稻生产与种植结构变化对农户稻作制度选择的行为决策有多大影响。

(2)基于劳动资源配置的角度,分析农户非农收入和家庭农业生产经营决策者的非农就业程度对稻作制度选择的影响。

(3)农机服务会对农户劳动资源配置和生产决策产生一定的影响,进而使农户稻作制度选择发生变化,分析农机服务对不同稻作制度选择的要素替代程度和对稻作净收益与家庭总收入的收入效应有多大。

---

① 从宏观影响来看,农机服务的发展应对并着力解决农村劳动力择优转移后农业生产所面临的一系列难题,及提升农业的综合生产能力。

② 需要说明的是,对于水稻生产者来说,非农活动的从业机会依赖于村镇范围内的第二、第三产业的分布及发展程度。

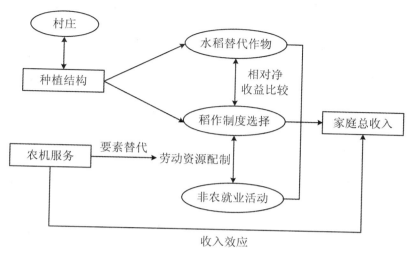

图 3.1　分析框架图

3.2　农户种植结构变化对稻作制度选择的
关联性与机理分析

本节构建的理论模型主要是农户种植结构变化对稻作制度选择的影响机理。首先,假设研究对象是农村无遗产继承、收入转移和不参与金融信贷市场的普通农户,且农户仅有一个决策与负责生产的劳动力,暂时忽略农户家庭内部多成员之间的劳动分工和消费等情况。该模型的推导主要依据 Gary. S. Becker(1996)的研究。对于上述农户来说,其效用函数主要来源于农业(A)和非农生产活动(NA)所能带来的货币收入,效用函数可表示为

$$U = U(A_1, A_2, NA) \tag{3.1}$$

式(3.1)中,农户水稻播种面积(A_1)变动直接受到非稻农作物播种面积(A_2)的影响,也受到非农生产活动的影响,有 $A_1 = A_1(A_2, NA)$。与此同时,A_1 与 A_2 共同组成了农户的种植结构变化决策,组合函数形式为 $\varphi = \varphi(A_1, A_2)$,具体的简约形式可表示为 $sc = A_2^E/(A_1 + A_2)$ 或者 $sc = A_E/(A_G + A_E)$,它表示经济作物①种植面积在种植业中的比重,其中,A_G 与 A_E 分别表示粮食作物和经济作物,A_2^E 表示非稻农作物中的经济作物,有 $A_2^E = A_E$。从上述农作物分类角度来看,有 $A_1 + A_2 = A_G + A_E$,两种组合均表示农户的种植业结构整体。

然而,在农户种植结构变化与稻作制度选择的影响机理论述中,无法忽略村庄

---

① 粮食作物包含小麦、水稻、玉米和薯类,经济作物包含大豆、棉花、油料和蔬菜。

农业生产活动"外部性"影响[1]（E），这是因为水稻是传统的大田作物之一，连片种植的特点致使农户的水稻生产决策不仅受到自身资源禀赋的影响，也在一定程度上受到相邻地块农户的限制，从而表现出一定程度的决策非独立性，水稻生产决策往往更多的是受到家庭自身、邻里和村庄的综合影响。

农户生产行为决策可能取决于传统的生产习惯（蒙秀锋等，2005）或者生产要素变化，也可能受到农户间从众决策的影响（李岳云等，1999）。水稻种植决策是否独立主要取决于大田作物生产的相对同步性与相邻地块的连接程度（杨志武等，2010；马志雄等，2012），及相邻地块种植同一作物的生产条件约束（如统一灌溉、病虫害防治与机械化操作等）。某一农户的生产行为变化（如种植结构调整）往往表现为兼顾自身禀赋特征和周围人的一种综合决策，从而使得同一地区的农户决策呈现出趋同倾向[2]。以图 3.2 为例，对于图 3.2(a)中的地块 A 来说，由于地块 A 紧邻田间道路[3]，农业机械设备或者人员可以通过道路直达地块 A 从事相关生产活动，如播种或收割等，因此农户对于地块 A 上的种植决策具有完全的独立性，由此定义 $p(A)_a=1$，这里 $p(A)$ 与下标分别表示地块 A 的独立决策程度与对应图序号。

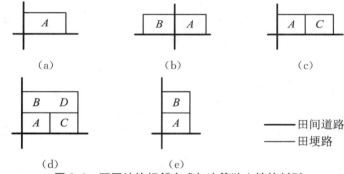

图 3.2 不同地块相邻方式与决策独立性的判别

比较图 3.2(b)与图 3.2(c)能够发现，随着地块 A 紧邻地块的增多，农户对相应地块的种植决策也发生相应的变化，在图 3.2(b)中，地块 A 与 B 分处田间道路

---

① 现有的研究将外部性定义为在市场经济中，当某一市场主体的一项经济活动给其他市场主体带来好的或坏的影响，而又不能使该市场主体得到相应的补偿或给予其他市场主体相应的赔偿的时候，就会产生"外部性"或者"外部影响"。

② 需要指出的是，这里的"决策外部性"或"集体决策"并非是指多个农户通过商谈或有人带头决议等形式的"合谋"行为，而仅仅指农户行为在生产中所形成的共同倾向性的行为变化。

③ 田间道路多指可行人与小型农机设备通行的农田道路，而田埂路则主要是农户田块之间的界限，其宽度通常仅可供一人行走或者不可通行。从农田的实际情况来看，一片区域内的农田被若干条相对"宽"的田间道路分割，被分割区域内的农户土地再由田埂组成类似不规则的网状结构。图 3.2(a)～图 3.2(e)即是依据上述特征所抽象出的简单形式。

两侧,两个地块的种植决策仍然相对完全独立,但此时应有 $p(A)_b \leqslant p(A)_a$[①],而对于图 3.2(c)中的地块 C 来说,其与地块 A 共边,地块 A 与 C 的种植决策存在一定程度的相互影响但仍然相对独立,但也有 $p(A)_c \leqslant p(A)_b$。随着地块数量的进一步增加,图 3.2(d)中地块 D 的种植决策将出现完全非独立性,即 $p(D)_d = 0$,这主要是对于地块 D 上的农作物来说,除去可通过田埂运送生产物质(如施肥等)外,当前由于农机设备移动的不可跨越性与大田作物田间管理活动的同步性,均在一定程度上限制了地块 D 的独立生产决策,相应使得地块 D 的生产决策与周边地块(如 A、B、C)农作物品种的高度相同。同时,对比图 3.2(c)与图 3.2(e),我们能够推测地块 A 的种植决策独立性程度与紧邻地块的共线长度呈正相关。

结合上述村庄农业生产活动"外部性"影响,农户效应函数可表示为

$$U = U(A_1, A_2, NA \mid E) \tag{3.2}$$

式(3.2)中,村庄的"外部性"影响 $E = E(\varphi, \overline{\varphi})$,$\overline{\varphi}$ 表示村庄的种植业结构调整,以度量外部性对农户决策的影响,有 $\overline{\varphi} = \sum\limits_{i}^{N} \varphi_i / N$,其中,$\varphi_i$ 与 N 分别表示村庄抽样农户的种植业结构调整与户数;或通过村级统计来看,有 $\overline{\varphi}_v = \rho \cdot A_{2v}^E / (A_{1v} + A_{2v})$,其中,$\overline{\varphi}_v$、$A_{1v}$、$A_{2v}$ 与 A_{2v}^E 分别表示村庄种植业结构调整、村庄水稻的种植面积、非稻种植面积与经济作物种植面积,ρ 表示村庄耕地权重因子(如地质、地形特征等)。对于随机或分层抽样来说,应有 $\overline{\varphi}$ 收敛于 $\overline{\varphi}_v$,即 $\lim\limits_{N \to N^+} \overline{\varphi} = \overline{\varphi}_v$,其中 N^+ 表示村庄总户数。依据上述理论分析,本书提出如下研究假说:

假说 1:对于大田作物连片种植的特征来说,农户用于水稻生产的耕地细碎化程度越高,其关于该地块上种植农作物品种的决策程度则越低。由此提出农户家庭的耕地块数对水稻稻作制度选择具有负向影响。

假说 2:由于劳动力与农业生产资源(耕地、资金等)在配置上存在一定的竞争性,农户稻作制度选择与自身的种植业结构调整之间具有显著的负向影响,即 $\partial \varphi / \partial A_1 > 0$。

假说 3:村庄的水稻生产情况与村庄种植业结构调整均对农户稻作制度选择行为具有正向影响,即 $\partial \overline{\varphi} / \partial A_1 > 0$ 或者 $\partial \overline{\varphi}_v / \partial A_1 > 0$。

---

① 出于减少生产活动的搜索成本(如获取农机服务、生产互助等)或生产更便捷等考虑,相邻地块间的农户往往在生产活动上存在"搭便车"心理。

3.3 农户家庭非农收入对稻作制度选择的影响机理

非农收入是农户家庭总收入的重要构成之一。由于劳动时间在水稻生产和非农就业活动上的配置具有竞争性,农户多数会在水稻生产和非农就业活动上进行劳动时间的最优化配置以获取最大化收益。尤其是水稻生产环节上农机服务的不断使用,降低了农户家庭的劳动力约束,为其选择或从事相关非农就业活动创造了客观条件和机会。在农户稻作制度选择和非农就业活动的劳动配置过程中,农机服务的快速发展扮演着越来越重要的角色。

3.3.1 家庭非农收入、农机服务与农户稻作制度选择三者之间的关系梳理

以水稻为分类标准,农户收入构成可分为种稻收入、非稻作物收入和非农就业收入,而非农就业又可按照就业或工作地点的远近进一步分为本乡镇内从业与外出从业,其中,家庭农业生产经营决策者的非农就业直接关系到劳动时间在农业和非农就业上的可得收益,也直接影响到稻作制度选择决策。对长江流域稻作区来说,种稻收入在很长时间内一直是农户收入的主要来源之一(王雅鹏,2005)。种稻收入增长,能够提高农户种粮的积极性以激励农户扩大水稻种植面积或者选择双季稻。然而,上涨过快的农资价格和过低的稻谷收购价,正在侵蚀农户的种粮净收益,使得农户种植双季稻的积极性降低(刘朝旭等,2012),尹昌斌等(2003)发现水稻生产效益不高及其对总收入增长的贡献有限,这是长江中下游地区农户稻田改制的重要原因。

非稻作物收入和非农收入的迅速增长,有效地拉动了农户收入增长。城乡发展和经济结构变化,使得农户收入构成中的工资性收入比例不断上升,而农业收入比例则出现下降趋势(蔡昉,2008)。有研究指出,农户家庭收入构成中的非稻作物收入或非农收入的增长,在一定程度上降低了家庭总收入中的水稻收入份额,也可能会影响到农户的水稻生产决策。翁贞林等(2009)研究江西省种稻大户"双改单"的影响因素时发现,务工收入比对大户稻作模式改变具有显著的正向影响。刘朝旭等(2012)也指出,家庭人均可支配收入与农户双季稻决策有显著的负相关性,人均可支配收入每增加1元,农户双季稻决策行为概率会减少4.1%。非稻作物收入,尤其是水稻的替代作物的种植收入增长,会促使农户减少或放弃相对低收益的水稻,去改种经济收益相对高的其他农作物。钟甫宁等(2007)指出,中国不同区域的水稻生产相对于替代作物净收益的差异是导致不同区域水稻生产布局变化的直接原因。

非农就业收入[①]（主要指劳动者在乡镇内就业，包含从事水面养殖和非农就业活动等）的增长不仅与劳动者自身经济禀赋相关，也与农业生产相关联，因为劳动者的非农就业往往在一定程度上需要"挤占"农业劳动时间，农业生产上劳动时间受约束过多，势必会减少农户或者劳动者选择非农就业的可能性。随着农户或者劳动者非农就业收入的提高，促使其更愿意将劳动时间配置偏向于非农就业活动，而降低其在农业生产上的资源配置，也往往使得农户更加倾向于减少双季稻种植而选择单季稻。

从图 3.3 的影响路径来看，农机服务在农户的水稻生产和非农就业活动中扮演着重要的平衡角色。蓬勃发展的农村农机服务，积极地应对着农户收入增长目标下家庭劳动分工所带来的农业生产难题，如家庭中青壮年劳动力转移、务农劳动力老龄化等对农业生产可能带来的负面影响。同时，农机服务对农户和劳动者的农业劳动投入进行要素替代，使得农户和劳动者能够在一定范围内从事非农就业活动，以获取更高的家庭收入增长。

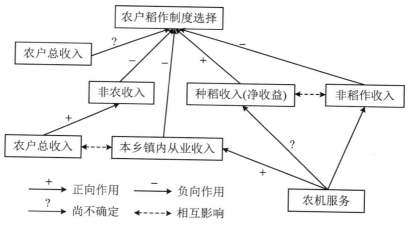

图 3.3　农户收入、稻作制度选择与农机服务之间的影响路径

3.3.2　家庭非农收入、农机服务与稻作制度选择的影响机理

本节构建关于非农就业、农机服务和稻作制度选择之间的理论模型。首先，假设农户家庭所在村庄存在一定非农就业的劳动机会，这种非农就业活动包括工匠、养殖或乡镇企业务工等，即农户在时间分配上存在种植水稻和从事非水稻种植相关的生产劳动的可能性。同样，假设模型中的研究对象是农村无遗产继承、收入转

---

　　①　对于常年或者农忙时节在本乡镇以外从业的农民而言，其基本上完全或者很大程度上脱离了农业生产，从而对于家庭农业生产决策的影响较小。

移和不参与金融信贷市场的普通农户,并且农户仅有一个决策与负责生产的劳动力[①],暂时忽略农户家庭内部多个成员之间的劳动分工等情况。该模型的推导主要依据 Becker(1996)的研究,并将农机服务函数引入模型。对于上述农户来说,其效用函数主要来源于劳动和既定资源(如技能等)所能带来的货币收入[②],并且这一货币收入可分为水稻种植净货币收入 Z_a 和非农就业活动[③]净货币收入 Z_n 两种,农户家庭效用函数可表示为

$$U = U(Z_a, Z_n) \tag{3.3}$$

这里,对于仅种植水稻的农户来说,其效用函数只包含 $Z_a(Z_n = 0)$。对于兼业农户来说,其可在水稻种植 Z_a 与兼业活动 Z_n 上进行劳动时间分配[④],以使 U 取到最优效果。

(1)水稻种植净货币收入可表示为

$$Z_a = P_a \cdot Q - C(p_i, x_i, t_a; \Phi) \tag{3.4}$$

其中,P_a 表示稻谷出售价格;Q 表示生产函数;$C(\cdot)$ 表示水稻生产的成本函数;x_i 和 p_i 分别表示要素 i 的投入量和价格,如肥料、土地与农机作业等;t_a 表示水稻生产上的劳动时间投入;Φ 表示农机 m 与劳动时间之间的农机服务函数,它是关于收入与地区水稻生产技术水平的"环境要素"E 的函数,具体表示为 $\Phi = \Phi(t_a, m | Z_a, Z_n, E)$。

对于式(3.4),我们有以下先验知识:对于 Z_a 来说,在一定的技术范围内,水稻生产投入要素的增加,可以带来产量增长,从而提高经济收益,因此有 $\partial Z_a / \partial m > 0$ 和 $\partial Z_a / \partial t_a > 0$。对于农机服务函数 Φ 来说,水稻生产上的农机使用程度增加,能够减少农户水稻生产的劳动时间,有 $\partial^2 \Phi / \partial m \partial t_a < 0$。农机服务程度越高,农户越有机会从事兼业活动,也越容易增加农户的总效用,有 $\partial U / \partial \Phi > 0$。

(2)非农就业活动的净货币收入可表示为

$$Z_n = \omega \cdot (\Phi \cdot t_n) \tag{3.5}$$

---

① 这一假设可以放宽到农户家庭有多个劳动力的情况,因为在不考虑家庭内部多个劳动力之间分工的情况下,多个劳动力将修正(扩大)家庭总劳动时间。

② 农户家庭效用函数通常包含货币收入(消费)和闲暇两部分,而往往因无法直接度量等原因导致闲暇效用被实证所忽略。关于闲暇对农户家庭生产决策的作用机理和影响程度,尚不完全明晰,还有待进一步研究。因此,本书暂不考虑农户家庭效用函数中闲暇对稻作制度选择和劳动配置的影响。

③ 由于非稻作物种植、非农就业与水稻种植在生产资料和劳动配置上均具有竞争性,故而本节非农就业(收入)假设包含了非稻作物(尤其是水稻替代作物)收入,暂不考虑水稻及替代农作物的相对收益变化对农户稻作制度选择的影响。

④ 农户单双季水稻选择与其愿意投入到生产上的劳动时间是一致的,如果农户选择双季稻,意味着农户将增加自身劳动时间的预期,或者说若农户愿意将更多的时间配置到水稻生产上,也意味着农户选择双季稻的可能性会增加。农机服务的关键是改变农户对需要投入到水稻上劳动时间的预期,从而再影响其生产决策。

其中，ω 表示工资率，假定为常数[①]；t_n 表示农户投入到非农就业活动上的劳动时间，并且满足 $T = t_a + t_n$，T 表示农户愿意和能够提供的最大劳动时间。

式(3.5)中，Z_n 与 t_n 成正比，有 $\partial Z_n / \partial t_n > 0$。进一步由时间约束条件，有 $Z_n \infty$ $\omega \cdot (T - t_a)$，因此有 $\partial Z_n / \partial t_a < 0$。同样，农机服务程度函数 Φ 表示水稻生产环节上农机对农户劳动时间的替代程度，替代程度越高，越能节约水稻生产劳动时间，促进非农就业活动的劳动时间增加，会引致更高的非农就业收入。这一过程的影响路径可以表述为 $\Phi \uparrow, t_a \downarrow, t_n \uparrow, Z_n \uparrow$，因此有 $\partial Z_n / \partial \Phi > 0$。

将要素 x_i 与劳动时间投入 t_a 的生产函数 $Q(x_i, t_a)$ 代入效用函数，可以得到农户的最优决策模型：

$$\text{Max}\, U = P_a \cdot Q(x_i, t_a) - C(p_i, x_i, t_a; \Phi) + \omega \cdot (\Phi \cdot t_n) \tag{3.6}$$

将式(3.6)对生产要素微分可以决定要素的最优使用

$$\frac{(\partial U / \partial Z_a)(\partial Z_a / \partial m)}{(\partial U / \partial Z_a)(\partial Z_a / \partial t_a)} = \frac{MP_m}{MP_{t_a}} = \frac{p_m}{p_{t_a}} \tag{3.7}$$

显然，式(3.7)表明水稻生产 Z_a 上，农机使用与水稻生产劳动时间的最优分配应该满足边际产品之比等于要素价格之比，其中，p_m 和 p_{t_a} 分别表示农机的使用价格和务农劳动时间的价格。需要指出的是，环境要素 E 的改变可能影响到要素价格与投入系数，改变要素的配置，进而影响到农户的收入决策，在分析时可以根据实际情况来设定参数 E。进一步地说，若给定生产函数 Q、成本函数 $C(\cdot)$ 与 Φ 的具体形式，由式(3.6)极大化的一阶条件，可以解析出最优的农机使用量 m^*。

因此，基于上述理论分析，可以得到下述研究假说：

假说 4：非农就业活动和单双季稻选择之间具有竞争性。农户投入到非农就业活动上的劳动时间越多，其用于水稻生产的时间越少，也越倾向于选择单季稻，即 $\partial Z_n / \partial t_a < 0$。

假说 5：农机服务发展对非农就业具有正向影响，即 $\partial Z_n / \partial \Phi > 0$。

假说 6：农机服务发展对农户双季稻选择具有正向影响[②]，即 $\partial Z_a / \partial \Phi > 0$，但前提条件是 $p_m < p_{t_a}$。

---

① 工资率实质上是关于劳动者禀赋的函数，即 $\omega = \omega(\kappa)$，κ 表示禀赋特征，如年龄、性别和劳动经验等。但在实际非农活动中，诸如劳动技能的不易观测和针对每一个劳动力界定的成本过高等原因，工资率成为一个根据年龄或者性别等禀赋特征所外生的一个平均水平，因此模型假设工资率是一个常数。

② 由式(3.6)并引入替代转换函数 Φ，有 $(\partial Z_a / \partial \Phi)(\partial \Phi / \partial m)/(\partial Z_a / \partial \Phi)(\partial \Phi / \partial t_a) = p_m / p_{t_a}$，可见 $\partial Z_a / \partial \Phi$ 的符号主要取决于农机装备与务农劳动时间的要素价格之比。若 $p_m > p_{t_a}$，表示农机使用价格高于劳动成本，使用劳动力更能节约总成本支出，因此有 $\partial Z_a / \partial \Phi < 0$；反之亦然。其经济含义可以表示农机使用价格的上涨，会抑制生产者的农机服务需求，增加农民务农的劳动时间，从而降低总收入增长；反之，劳动时间的非农机会成本上升，会促进农民使用农机以缩短务农时间，达到增加非农收益的作用。因此可以推论，生产者在务农与非农决策选择时主要依赖于农机与务农劳动时间之间的边际成本之比。

3.4 农机服务对水稻生产的劳动替代程度与收入效应分析

农机服务通过影响农户种稻收益这一路径进而影响到生产决策,主要体现在两个方面:第一,农机服务所具有的"省工节时"特征,能够改变或替代原来的水稻生产过程中的劳动投入与比例,从而降低劳动投入的机会成本与可能需要发生的雇工成本;第二,农户选择农机服务或者生产环节的外包服务,多数是基于使用前后可能产生的成本收益变动而做出相关决策,陈超等(2012)指出,农户预期的净收益与选择外包服务后带来的成本之间的差额,是农户选择某一环节外包服务的决策依据。因此,从上述分析可以看出,农机服务对农户稻作制度选择可能产生一定程度的替代程度与收入效应,替代程度的产生源于水稻生产环节上农机服务对劳动投入的节约,而收入效应则来源于被替代的劳动所产生的经济收益和与选择农机服务所带来的成本支出之间的权衡。

下面将详细阐述农机服务对稻作制度选择的替代程度与收入效应的影响机理,并提出相关研究假说。本节尝试构建一个农机服务对水稻生产影响的理论模型,并重点分析农机服务对水稻生产的要素替代程度和收入效应。首先,假设研究对象是农村无遗产继承、收入转移和不参与金融信贷的普通农户[①],并且家庭中有一个决策与负责生产的劳动力。进一步假设,农户在水稻生产中引进了收割机,而其他农户可通过农机服务市场来使用这种新装备。对于上述农户来说,其效用函数主要来源于劳动和生产资源所能带来的货币收入,并且这一货币收入可分为水稻种植收入 Y_1 和非农收入[②] Y_2 两大类,农户效用函数表示为

$$\text{Max} : U = U(Y_1, Y_2) \tag{3.8}$$

$$s.t. \begin{cases} Y_{1,i} = p_i \cdot Q_i(K, L(\Phi) \mid \Phi, t) - C_i(\cdot) \\ \Phi = \Phi(M, p_M \mid X, p_X) \\ Y_2 = \omega \cdot L_N \\ L(\Phi) + L_N = \overline{L} \end{cases} \tag{3.9}$$

在这个模型中, $i=1,2$ 分别表示单季稻与双季稻, p、Q 与 C 分别表示稻谷收购价、产量与成本支出, K 和 $L(\cdot)$ 分别表示物质资本投入和劳动投工量, t 表示时

---

① 这一假设的作用:一是尽量规避或减少农户的异质性;二是对"一般农户"来说,有遗产继承、收入转移和参与金融信贷会明显影响到农户生产决策,而且"一般农户"在获取遗产继承、收入转移和金融信贷后,会根据预期和实际来修正农业生产决策,从而影响到生产资源配置。

② 由于非稻作物种植、非农就业与水稻种植在生产资料和劳动配置上均具有竞争性,故而本节非农就业(收入)假设包含了非稻作物(尤其是水稻替代作物)收入,暂不考虑水稻及替代农作物的相对收益变化对农户稻作制度选择的影响。

间趋势,以此表示农业技术水平。在农户水稻生产环节上的农机服务程度函数 Φ 中,M 与 X 分别表示水稻生产上的农机使用量和农机替代品数量,p_M 与 p_X 分别为对应两种投入品的使用价格。同时易发现,作为劳动节约型技术的收割机被引入水稻生产环节,目标是对生产上的劳动投入进行要素替代,因此 Φ 是 $L(\cdot)$ 的减函数,即 $\partial L/\partial \Phi < 0$。

对于约束条件式(3.9)中的生产函数 $Q_i(K, L(\Phi)|\Phi, t)$ 来说,收割机的出现,使得农户的水稻生产函数从 Q 移到 Q',且有 $\mathrm{d}L > \mathrm{d}M$,即表示较小的农机 M 变化引起较大的劳动力 L 变动,如图 3.4 所示。由于节约后的劳动可用于其他生产活动,因此,农户愿意为此项服务支付费用 p_M。依据现行要素价格,收割机的引进将使得均衡点从 A 点移到 B 点,同时导致劳动大幅度地从 L_1 下降到 L_2,以及收割机使用量从 M_1 缓慢地上升到 M_2。然而在 B 点,农户遇到严重的失业问题,即原有的家庭劳动力在收割机出现后,$L_1 - L_2$ 部分劳动力已无需再投入到水稻生产中,此时剩余劳动力 $\mathrm{d}L$ 面临转移、退出或者更先进的技术革新。在新技术条件下,把剩余劳动 $\mathrm{d}L$ 配置到生产中,产量需要增加的幅度将从 Q' 到 Q'',Q'' 是农户家庭重新获得充分就业($L_3 = L_1$)时的水稻产量[1]。然而也应该注意到的是,在产出水平大幅度扩张的同时,需要机械同步增加到 M_3。在农机市场容量有限的条件下,机械需求的增长,将引致机械使用价格的上涨,这意味着农户需要投入相对多的资本来用于水稻生产。由此我们注意到,现阶段促进水稻产出水平大幅度提高的可行技术途径之一,可在气候条件适宜的稻作区(如长江流域)发展双季稻,而且农机服务发展也为发展双季稻提供了一个技术保障。

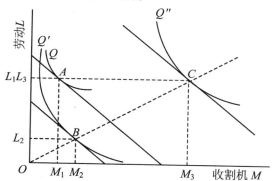

图3.4　农户水稻生产上的收割机引进对劳动投入的影响

---

[1] 从当前中国农村现实来看,Q'' 所形成的均衡点 L_h 无法实现,这主要有三个方面的制约因素:(1)农户家庭的剩余劳动力允许转移或非农化,农户不需要在农业生产领域实现充分就业。(2)农户耕地流转来源和规模扩大速度有限,无法实现与 M_3 匹配的耕作规模。(3)家庭收入约束,农户用于农业生产的机械购置或使用资本有限。在农机对劳动力进行部分替代的条件下,农户经营的最佳要素投入组合应该是低于 C 点的一个均衡点,该点的生产水平与农机投入低于 Q'' 与 M_3,但高于 Q' 与 M_2,以实现家庭对劳动力和机械的配置达到最优。

可以说，以农机（水稻收割机）为代表的农业技术变化不仅意味着现有产量可以更有效率地生产出来（$\partial Q/\partial \Phi > 0$），也意味着资源的释放，尤其是农户家庭中劳动的释放（Ellis et al.，1988；Muazu et al.，2014），更意味着农户可将节约的劳动配置到其他生产活动上以实现更多的收入。

（1）农机对水稻生产的要素替代是指生产过程中使用农机装备对人力、畜力的投入进行替代。在式（3.9）中，$L(\Phi)$ 可直观地将 Φ 看作引发劳动 L 节约的一种技术，$\partial^2 Q/\partial L \partial \Phi$ 实际上度量了农机服务对水稻产出的要素替代程度。进一步结合农机服务在双季稻生产上的优势来看，第一，农机使用能加快水稻前后茬作物收割、种植交替时间内的土地耕翻、平整与谷物运输等操作时间，能够提高水稻复种指数。第二，对处在经济社会变革中的中国农村来说，农机使用除降低了农业生产上的单位劳动投入以外，还有助于克服农村劳动力的季节性短缺。因此，我们提出假说 7。

假说 7：农机服务对双季稻的要素替代程度要大于单季稻，即 $|\partial^2 Q_2/(\partial L \partial \Phi)| \geqslant |\partial^2 Q_1/(\partial L \partial \Phi)|$。

（2）农机服务对水稻生产的收入效应是指农机服务对水稻生产净收益或家庭总收入的贡献程度，但这是一个间接效应。收入效应产生的原因主要有两方面：一是水稻产量提升所带来的收益上升；二是水稻生产上被替代或节约的劳动及时间用于其他生产性活动所获取的额外报酬，更有可能的是农户家庭成员的劳动配置的变化（如老年人从事水稻生产或者中青年劳动力从兼业完全转变成非农劳动者等）所引致的家庭总收入的增长。这是因为，非农收入 Y_2 是劳动力工资水平 ω 和劳动供给 L_N 的线性增函数，农机服务程度 Φ 增加，使得农户水稻生产劳动 $L(\Phi)$ 减少，在总劳动供给 $\overline{L}$ 限定的情况下，将引致非农劳动 L_N 增加，由此最终带来非农收入 Y_2 增长。然而也需注意到，农机服务不会或者几乎不会减少生产特定产量需要的总成本。在更高产量的意义上，农机不会带来净收益的增长。如果农机在生产中带来了更高产量，那么也会被更高的生产成本抵消。综合以上表述，我们推测农机的收入效应可能更多贡献到农户的家庭总收入上，而对水稻生产净收益的影响较小，因此提出假说 8。

假说 8：农机服务对单双季稻净收益的收入效应（$\partial Y_1/\partial \Phi$）不显著或为负，但其对单双季稻种植户的家庭总收入的收入效应具有显著的正向影响，即 $\partial Y_2/\partial \Phi > 0$ 和 $\partial U/\partial \Phi > 0$。

3.5 关键指标的解释说明

3.5.1 农户单双季水稻种植模式的识别

农村固定观察点调查数据库中未直接给出农户单双季水稻的种植类型信息和相对应的播种面积,但本书的研究发现,使用农户水稻复种指数(y_1)可反映出农户单双季水稻种植的情况,并且样本统计发现该指标取值应严格介于 0 与 2 之间。

$$y_{1,t} = A_{\text{rice},t} / A_{\text{waterland},t} \tag{3.10}$$

其中,$A_{\text{rice},t}$ 与 $A_{\text{waterland},t}$ 分别表示第 t 年农户的水稻种植面积与水田面积。在固定观察点数据中农户耕地和水田数据完备的情况下,当 $0 < y_1 \leqslant 1$ 时,可以表示农户使用全部或部分耕地种植了单季稻;当 $1 < y_1 \leqslant 2$ 时,则更倾向地认为农户选择了双季稻。

当然,农户也有可能使用自家不到一半的水田来种植双季稻,这样计算得到的水稻播种面积与水田面积的比重也小于 1,但结合农户年初和年末自有、转出及转入耕地来看,农户年内减少的耕地面积多数情况下选择转包给企业、合作社或者其他农户,以换取一定的耕地租赁收入,因此,本书认为农户对上述情况中余下超过一半的水田耕地直接撂荒或闲置的可能性不高,这在一定程度上佐证了本书提出的使用水稻复种指数判断农户种植单双季水稻的可行性。

从长江流域单双季稻作区的水稻实际生产情况来看,农户会依据地块特征和生产条件来分配自家的单双季稻种植比例,这样一来可实现口粮和商品粮的产出最大化,二来可以熨平因气候或病虫害可能带来的产量波动。与仅使用"0-1"型虚拟变量(如 0 = 单季稻,1 = 双季稻等)表示农户种植单双季水稻的情况相比,结合耕地(水田)面积与水稻播种面积所构造的水稻复种指数可以表达出更多的信息。因此,以水稻播种面积与水田面积比重等于 1 为界点,来区分农户单双季稻种植模式具有一定的合理性。

3.5.2 农户及村庄层面关于种植结构变化指标的度量说明

关于农户种植结构变化的指标构建一直是相关实证研究的难点与争论点,现有研究资料中,关于种植结构变化的指标构建主要有两种形式:

(1)通过因素分解模型,分离出种植业总产值增长中结构变动的贡献量,并以种植结构变动贡献量作为衡量结构变动效果的指标(薛庆根等,2013)。这一方法适用于宏观描述。

(2)使用粮食、经济作物与蔬菜本年度与上一年度的播种面积差的绝对值之和来表示农户的种植结构变动(薛庆根等,2014),这一方法容易将农户的农作物播种面积变动完全等同于结构变化。

本书在上述两种指标构建方法的基础上,结合种植业内部结构中粮食与经济作物的演变规律和已有研究资料(熊德平,2002;董晓霞,2006;张兆同等,2009),使用经济作物种植面积在种植业中的比重来表示农户的种植结构变化,这一指标构建方法反映出了当前农户种植结构变化的目标或变化方向,如"压粮扩经"或者改种蔬菜等高收益作物品种。

同时,考虑到农户种植结构外部(但涵盖在农业产业结构内部)的产业结构(如从事水面养殖等)调整在生产者的劳动、生产资料配置与农作物种植之间具有竞争性(薛庆根等,2014),及种植结构外部产业的稳定性对种植结构内部变化、水稻生产行为变化之间具有一定的关联和影响,本书在实证模型中添加了种植结构向外的变化变量。

需要指出的是,表3.1中给出的是村庄层面的数据指标构建的理论方法,但相关村庄的种植业详细农作物播种面积数据在农村固定观察点数据库中是缺失的,本书尝试通过农户层面的数据加总平均的方法得到村庄数据相关指标,这一指标的可行性在于:本书在非平衡面板数据的基础上提取了村庄层面最大农户数的平衡面板数据,并通过农户数加总得到村庄层面的指标,这种数值逼近在一定程度上保证了某一指标在"整个村庄""抽样农户加总"以及"村庄除去抽样农户后剩下的农户加总"三者的统计指标在数值上收敛。

表 3.1　种植结构变化的指标构建

指标	定义
农户种植结构内部变化	$A_E/(A_G+A_E)$
农户种植结构向外变化	$\sum_k A_k/\left(A_E+A_G+\sum_k A_k\right),k=$ 林地、园地和水面养殖面积
村庄水稻复种指数	当年村庄水稻播种总面积/村庄水田面积
村庄种植结构内部变化	$A_E^V/(A_G^V+A_E^V)$
村庄种植结构向外变化	$\sum_k A_k^V/\left(A_G^V+A_E^V+\sum_k A_k^V\right)$

注:A_E 与 A_G 分别表示经济作物与粮食作物面积,A_k 与 A_k^V 分别表示农户和村庄的林地、园地和水面养殖面积。

3.5.3　农机服务程度的度量说明

宏观上,常用一个地区的农业机械台数或总动力数来表示农机发展程度,而微观上,尤其是处理农户农业生产环节上的农机使用程度的指标构建,则相对复杂些。关于度量农户在水稻生产环节上的农机服务程度,基本的指标构建方法有两类。方法一如下：

（1）将水稻生产过程分解成以下环节集 $\{C_1, C_2, \cdots, C_n\}$，其中 C_i 表示水稻生产环节，如整田、稻秧（苗）种植环节、田间管理环节和收获环节等（陈超等，2012）。假定农户选择 C_i 环节上的农机服务需要支付的单位价格为 p_{ci}。

（2）农户在水稻生产过程中的农机服务程度（MS）可表示为

$$MS = \sum_{i=1}^{n} \omega_i \cdot C_i \cdot p_{ci} / I_{\text{all}} \tag{3.11}$$

式（3.11）中，I_{all} 表示水稻生产的总成本，ω_i 表示农户选择 C_i 环节上的农机服务的概率判别函数，$\omega_i = 0$ 与 $\omega_i = 1$ 分别表示农户未选择与选择 C_i 环节上的农机服务。

与方法一不同，方法二是从农机使用量上度量农户在农业生产上的农机服务程度，具体构建方法如下：由于农业生产环节上农机服务种类多样且不同地区使用的种类存在差别，为了计算出农户农机服务使用量，以各地区广泛使用的稻麦联合收割为基准，根据价格关系，将其他农机作业面积依据给定的折算系数而折合成稻麦联合收割面积，然后加总得到农户农机服务使用总量（纪月清等，2013a）。综合比较上述两种指标构建方法能够发现，方法二直观明朗，但需要详细的调查数据的支撑。

基于以上指标构建的思想，结合本书中观察点数据的统计指标体系[1]和存在的不足，本书构建度量农户在水稻生产环节上的农机服务程度指标如下：

$$\Phi = p_M \cdot M / (p_M \cdot M + p_X \cdot X) \tag{3.12}$$

式（3.12）中，M 与 X 分别表示农机使用量和农机替代品的数量，p_M 与 p_X 分别对应两种产品的使用价格。对于长江流域单双季稻作区来说，农机装备正逐步被运用到水稻生产过程中，以对传统农业生产上的人力和畜力[2]进行替代（张缔庆，2000；吴晓涛，2010；熊先根等，1995）。进一步对公式（3.12）进行适当修正，得到

$$\Phi = p_M M / (p_M M + p_{X_1} X_1 + \tau p_{L_a} L_a) \tag{3.13}$$

式（3.13）中，p_{X_1} 和 X_1 分别表示畜力使用价格和畜力使用量，p_{L_a} 和 L_a 分别表示农业劳动工价和劳动投工量，而 τ 表示可供农机替代的劳动投入的折算系数。$p_M M$、$p_{X_1} X_1$ 和 $\tau p_{L_a} L_a$ 分别表示农机服务费用、畜力使用费和可供农机替代而未被农机替代的劳动投入折价。

在统计图 3.5 中，单季稻各个生产环节的劳动用工量能够估计出水稻生产过程中的亩均劳动投工为 7~11 个。在 2004 年国家农机购置补贴政策的刺激下，以

---

[1] 农村固定观察点数据库中缺少水稻生产中各个环节的农业机械使用量或支出费用的统计，导致本书无法严格按照方法一或方法二来构建农户农机服务程度指标。

[2] 课题组于 2014 年对安徽省安庆市枞阳县与池州市东至县，2015 年对湖南省湘潭县与娄底市新化县的水稻种植农户的入户调查时发现，在上述地区的水稻生产中仍然存在一定程度的畜力使用，传统农耕中的畜力使用并没有完全被现代化的农业机械所替代或者改造。

及农机使用功能和相关农村生产社会化服务程度的不断拓展,农户水稻生产上的亩均劳动投工也呈现出递减的趋势(表3.2)。

翻土、浸水、平整 (1)	基肥	直播		补苗	追肥	补缺、除草、施肥、农药喷洒、排灌	收割、脱粒 (1)	托运	晾晒 (1)
		育秧	插秧						
		育秧	抛秧						
整田环节		稻秧种植环节(1~2)			田间管理环节(3~5)		收获环节		

图 3.5　单季稻生产环节的每亩劳动投工分布

注:对于一部分插秧和抛秧的农户来说,秧池整理、移秧和谷物拖运的每亩劳动用工合计约1个;田间管理环节每亩劳动用工量浮动较大,主要取决于稻田病虫害发生的频率和气候变化等。

表 3.2　湘、鄂、赣、皖四省水稻生产的每亩劳动投工统计

(单位:日/亩)

	指标	2004 年	2005 年	2006 年	2007 年	2008 年	2009 年	2010 年	2011 年
单季稻	湖南省	10.3	9.92	9.3	8.65	8.18	7.66	7.02	6.64
	湖北省	9.98	9.06	10.2	9.93	9.5	9.29	8.79	8.2
	江西省	10.3	9.92	9.3	8.65	8.18	7.66	7.02	6.64
	安徽省	12.29	11.01	11.32	9.95	9.51	7.82	7.13	6.77
双季稻	湖南省	22.08	20.88	19.06	16.79	15.45	14.22	12.69	12.34
	湖北省	21.23	19.32	18.7	17.43	17.46	16.53	16.43	15.52
	江西省	23.82	21.61	19.3	17.59	17.14	14.24	12.52	12.13
	安徽省	20.31	18.73	16.53	17.94	15.14	14.04	12.52	12.26

注:单季稻用工以粳稻每亩用工量(日)表示,双季稻用工以早籼稻和晚籼稻每亩用工量(日)加总表示。湖南省和江西省缺少粳稻相关统计数据,因此湖南省和江西省的单季用工量用全国粳稻平均数据替代。表中统计数据均来源于《全国农产品成本收益资料汇编》(2005~2011年)。

水稻生产环节上的农机服务替代劳动投入并非瞬间完成,而是随着农业机械化发展渐进式地改造着传统的农业生产方式。在国家农机购置补贴政策执行的初期,动力型农机装备(如大中型拖拉机和联合收割机等)开始被使用到耕种和收割环节上。随着国家农业政策的持续利好和农机研发进步,一系列新式农机装备(插秧机、旋耕机与喷雾器等)和农机及社会化服务(如工厂化育秧、统防统治[①]等)的蓬勃发展,进一步降低了农户水稻生产上的劳动投工。

不得不指出的是,除人为设定参数外,式(3.13)折算系数 τ 的赋值无法在观测样本中被计算得到。因此,本书选择现阶段对农业生产用工统计较为权威的《全国

[①]　在"十二五"时期,水稻田间管理类活动的社会化服务整体来说,仍处于探索或小范围试点阶段,例如统防统治等。据陈超等(2012)发现,2007~2010 年间,江苏省水稻生产经营户选择病虫害防治外包服务的比例不足 10%。

农产品成本收益资料汇编》资料,使用水稻亩均劳动用工降幅作为式(3.13)中折算系数的估值(表3.3)。这一处理方法的主要依据是,从图3.5中水稻生产劳动用工降幅和农机服务替代的环节来看,预估水稻生产上亩均劳动投工降幅在0.5个左右[1],这一参数估计与官方统计资料相一致。

表 3.3　折算系数 τ 的赋值

指标	2004 年	2006 年	2008 年	2010 年
单季稻	6.75%	7.18%	8.17%	5.65%
双季稻	7.87%	4.67%	9.37%	3.37%

注:折算系数公式为 $\tau = \frac{1}{4} \cdot \sum_i (L_{i,t} - L_{i,t+1})/L_{i,t}$,其中,$L_{i,t}$ 表示第 i 个省份第 t 年的水稻每亩劳动投工。

式(3.13)中未放入农户水稻生产的雇工费用支出,主要原因:一是观察点数据中农户发生雇工行为的比例较低;二是观察点数据无法显示农户水稻雇工用于具体的哪一个生产环节,无法确定这种雇工及产生的费用可否由农机服务形式来替代。

3.5.4　非农收入与非农就业的指标说明

对于农户家庭来说,非农就业存在两个不同层次。第一个层次是家庭成员常年外出就业或工作[2]。在农户家庭的人口结构中,一批具有较高劳动力素质(如年轻、受教育程度较高或头脑灵活等)的劳动力选择常年外出从业,这批劳动力基本完全脱离家庭农业生产劳作或者仅选择农忙时节返乡。外出择业的劳动收入除应付城市(镇)生活开支和储蓄外,往往依托邮寄、汇款或带回等方式记入家庭总收入。

第二个层次是家庭农业劳动力的非农就业,这是传统农业劳动力向非农生产活动的一种延伸,而这主要是由于村庄周边非农产业的发展、农村道路通达状况的改善和地方政府的产业引导(如农业结构调整等)以及农村居民生活条件的改善(如修葺房屋、雇佣劳动)等多方面原因。农户家庭农业生产劳动力在从事农业生产的同时,也从事一定程度的非农就业活动,以获取更多收入。

为了客观地反映出农户家庭非农收入对稻作制度选择的影响,本书使用两个

---

① 水稻生产亩均劳动投工降低,还可能由于生产技术革新或技术进步等原因,但是本书认为在一定时间内,导致农户水稻亩均劳动投工降低的主要原因还是一系列替代劳动的农机设备被逐步使用到生产环节上,这不仅体现在新生产环节上的设备使用,也体现在已有农机使用环节上的更高效率设备的采用。

② 劳动力流动的新经济学(new economics of labor migration)理论阐述了一个观点:外出务工既带来了家庭人力资本的流失,也通过汇款的流入实现了农户资金流动性水平的提高,通过改变农户生产决策的约束条件而给农业生产带来复杂的影响(应瑞瑶等,2013)。

渐进的指标进行度量,即家庭全年外出就业收入和农户家庭农业生产经营决策者的非农就业程度,具体有:

(1) 农户家庭全年外出就业收入(万元)。

(2) 农户家庭生产经营决策者的非农就业程度 $= \begin{cases} 0, & \text{仅从事农业生产} \\ 1, & \text{从事非农生产活动} \end{cases}$,其中,非农生产活动包含养殖业和非农职业。

第4章 样本数据的统计描述

本章在研究数据的基础上,首先,对农户稻作制度选择变化的现状和趋势,以及相关联的农户家庭整个种植业结构的相对变化情况进行统计描述;然后,从成本收益视角,统计比较水稻与其他农作物之间的收益;最后,描述收入增长和来源构成的情况。

4.1 农户稻作制度选择的现状与演变趋势

4.1.1 农户稻作制度选择的静态描述:数量分布、省际差异与特征

(1)水稻复种指数变化和省际差异。

2004～2010 年间,长江流域单双季稻作区内湘、鄂、赣、皖四省[①]的水稻复种指数呈逐年下降后趋稳的迹象,由 2004 年的 1.2940 逐渐下降至 2010 年的 1.1991,降幅为 0.0949(表 4.1)。

表 4.1 水稻复种指数省际变化

年份	湖南省	湖北省	江西省	安徽省	总样本
2004 年	1.5383	1.0935	1.6103	1.1793	1.2940
2006 年	1.4239	1.0503	1.6024	1.1397	1.2495
2008 年	1.2799	0.9958	1.5673	1.0957	1.1908
2010 年	1.1202	1.0339	1.6074	1.1271	1.1991

---

① 本书样本的统计描述是在平衡面板数据的基础上,不考虑水稻种植户退出的情况。本书认为农户稻作制度选择与农户退出水稻生产的影响因素是有显著差异的,即影响农户"种多少水稻和怎么种"与"种不种水稻"决策的因素是需要加以区分的。

从表 4.1 中水稻复种指数的省际差异来看,水稻复种指数高值主要集中在江西省与湖南省,这也与当前湘赣两省是长江流域双季稻主产省的现实一致。但也应注意到的是,湖南省水稻复种指数的降速较快,2004～2010 年的降幅达到0.4181,这暗示着湖南省可能存在一定程度的稻田改制。同时,湖北省水稻复种指数已经逼近单双季稻的临界点,这暗示出该省主导的稻作制度选择类型已可能基本演变为单季稻(杨万江等,2013)。

(2)单双季水稻种植户数分布和变化。

从稻作制度选择差异下的种植户数分布来看,湘、鄂、赣、皖四省的单季稻种植户数增长显著,从 2004 年的 51.59% 增长到 2010 年的 63.61%,年均增幅达到 2个百分点以上(表 4.2)。

表 4.2　单双季水稻种植户数的省际变化

省份	单季稻				双季稻			
	2004 年	2006 年	2008 年	2010 年	2004 年	2006 年	2008 年	2010 年
湖南省	59	77	97	140	115	97	77	34
湖北省	207	233	237	224	103	77	73	86
江西省	36	43	50	60	215	208	201	191
安徽省	346	363	380	375	175	158	141	146
总样本	648	716	764	799	608	540	492	457
比例	51.59%	57.01%	60.83%	63.61%	48.41%	42.99%	39.17%	36.39%

注:比例为历年单双季水稻户占总样本数的份额。

除 2008～2010 年湖北省和安徽省的单季稻种植户数出现些许的减少外,样本研究期内,湘、鄂、赣、皖四省基本呈现出一致的单季稻种植户数上升而双季稻种植户数减少的整体性趋势。进一步我们也发现,与湖北省、安徽省单季稻种植户占多数不同,江西省的双季稻种植户比例远高于单季稻,这说明了双季稻在水稻生产中占据主导地位。更为关键的是,湖南省呈现出双季稻种植户比重的快速下降,由2004 年的 66.09% 下降到 2010 年的 19.54%,2004～2010 年间,湖南省实现了从双季稻占优迅速转变为单季稻占优的“反转”过程。

(3)单双季水稻种植户的水稻种植面积和水田面积趋势。

2004～2010 年间,湘、鄂、赣、皖四省的户均水稻种植面积呈现出小幅度的增加趋势(表 4.3),在样本农户数固定的情况下,户均水稻种植面积增加可能源自农村土地流转。

表4.3 单双季水稻种植户水稻种植面积的省际变化

（单位：亩）

省份	单季稻				双季稻			
	2004 年	2006 年	2008 年	2010 年	2004 年	2006 年	2008 年	2010 年
湖南省	2.295	2.516	2.748	2.894	5.489	5.651	5.883	5.994
湖北省	3.248	3.616	3.164	3.229	6.050	5.977	6.217	5.685
江西省	4.825	5.812	7.390	6.285	11.124	10.974	10.737	11.251
安徽省	4.245	4.264	4.253	4.367	10.493	10.745	11.084	12.297
总样本	3.781	3.960	3.931	3.934	9.017	9.234	9.393	10.146

同时，从单双季水稻的户均种植面积来看，户均单季稻种植面积增速低于同期双季稻的户均种植面积。相比于 2004 年，2010 年的户均单季稻和双季稻种植面积增长幅度分别为 0.153 亩和 1.129 亩。

表 4.4 中，单双季水稻种植户所经营的水田面积的变化趋势与表 4.3 基本一致。2004～2010 年间，户均水田面积也呈现出小幅度的增长，其中双季稻种植户的水田面积增长幅度略高于同期单季稻种植户。

表4.4 单双季水稻种植户水田面积的省际变化

（单位：亩）

省份	单季稻				双季稻			
	2004 年	2006 年	2008 年	2010 年	2004 年	2006 年	2008 年	2010 年
湖南省	2.400	2.549	2.940	2.942	3.037	3.258	3.662	3.838
湖北省	3.476	3.815	3.588	3.620	4.485	4.564	4.968	4.433
江西省	5.189	5.940	7.416	6.368	6.599	6.408	6.335	6.287
安徽省	4.488	4.588	4.636	4.734	6.547	6.873	7.613	7.579
总样本	4.013	4.200	4.279	4.230	5.552	5.713	6.076	6.169

（4）农户水稻复种指数向大户集中吗？

首先，依据农村固定观察点的数据和样本省份的特征，以 10 亩水田面积为界点，结合表 4.5 可以发现，水稻规模户比例呈现出小幅度的增长，相比于 2004 年的 8.76%，到 2010 年规模户比例达到 11.46%，增加幅度达到 2.7 个百分点。

进一步从水田规模差异下的复种指数来看，10 亩以下种植户的水稻复种指数呈现出逐年下降趋势，而同期规模户的复种指数明显高于 10 亩以下农户群体，而且 2004～2010 年间规模户的水稻复种指数保持了相对稳定，维持在 1.3 左右，这暗示出多数规模户可能是双季稻的生产主体。

表 4.5 不同水田面积的农户数与复种指数

年份	<10 亩			≥10 亩			水稻规模户占比
	户数	复种指数	标准差	户数	复种指数	标准差	
2004 年	1146	1.2850	0.4167	110	1.3877	0.4220	8.76%
2006 年	1136	1.2403	0.3948	120	1.3363	0.4634	9.55%
2008 年	1122	1.1800	0.3922	134	1.2816	0.3955	10.67%
2010 年	1112	1.1800	0.4012	144	1.3469	0.4475	11.46%

注:根据农村固定观察点调查数据的特征,本书将水田面积≥10 亩的水稻种植户定义为规模户。

从规模户的省际分布来看,安徽省和江西省的规模户比例要高于湖北省和湖南省(表 4.6),到 2010 年,安徽省和江西省的规模户比例分别达到 17.66% 和 15.94%,另外,上述两省规模户的水稻复种指数也明显高于湘、鄂两省。

表 4.6 规模户的省际分布、复种指数及经营水田面积均值

省份	户数(复种指数)				观测农户数	经营水田面积(亩)			
	2004 年	2006 年	2008 年	2010 年		2004 年	2006 年	2008 年	2010 年
湖南省	0(0.000)	1(1.440)	4(1.138)	2(1.080)	174	0	10	12.08	23.05
湖北省	7(1.099)	8(1.080)	7(0.983)	10(0.930)	310	12.06	11.28	11.97	12.5
江西省	35(1.550)	34(1.542)	39(1.549)	40(1.594)	251	13.81	12.67	14.99	14.09
安徽省	68(1.334)	77(1.271)	84(1.189)	92(1.290)	521	13.02	12.84	13.48	14.26

注:户数后括号内的数值为规模户的水稻复种指数均值。

进一步地,为了更加直观地反映水稻复种指数向大户集中的趋势,图 4.1 给出了水稻复种指数与水田面积的散点拟合图,能够发现:第一,2004 年与 2010 年,水稻复种指数主要集中于 0～10 亩的区间内,其中,2010 年 10 亩以上区间内的散点个数明显多于 2004 年;第二,线性拟合的系数弹性反映出,相比于 2004 年,2010 年水稻复种指数存在向大户集中的迹象。

4.1.2 农户稻作制度选择现状的动态描述:演变方向

从农户稻作制度选择变化的角度来看,水稻种植户的稻作制度选择存在多种演变趋势。首先,在整个样本的观测期内,农户稻作制度选择存在多种变化模式,"一直单季稻""一直双季稻""双改单"与"单改双"共存,分别占到 39.97%、27.07%、17.52% 和 5.97%(表 4.7)。

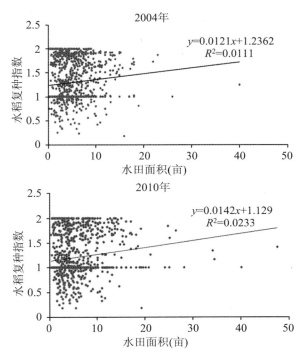

图 4.1　2004 年与 2010 年农户水稻复种指数与水田面积的散点线性拟合图

表 4.7　不同稻作制度选择类型的户数分布及数量

模式		湖南省	湖北省	江西省	安徽省	总样本	样本比例
一直单季稻		22.99(40)	48.39(150)	8.76(22)	55.66(290)	502	39.97%
一直双季稻		13.79(24)	14.19(44)	69.72(175)	18.62(97)	340	27.07%
双改单	2006 年	12.07(21)	11.61(36)	3.59(9)	5.95(31)	97	
	2008 年	13.79(24)	3.55(11)	2.79(7)	3.45(18)	60	17.52%
	2010 年	20.69(36)	0.32(1)	4.78(12)	2.69(14)	63	
单改双	2006 年	0.57(1)	1.61(5)	1.2(3)	0.96(5)	14	
	2008 年	0(0)	1.94(6)	0.8(2)	1.34(7)	15	5.97%
	2010 年	1.15(2)	6.45(20)	1.2(3)	4.03(21)	46	
复杂型	单季稻占多	6.32(11)	6.77(21)	1.59(4)	2.69(14)	50	3.98%
	双季稻占多	3.45(6)	0.65(2)	3.19(8)	1.73(9)	25	1.99%
	交替变化	3.45(6)	1.94(6)	1.99(5)	1.34(7)	24	1.91%
	其他	1.72(3)	2.58(8)	0.4(1)	1.54(8)	20	1.59%
省样本户数		174	310	251	521	1256	100%

注:表中数值后括号内的数值为数量,另外,"双改单"与"单改双"后的时间为农户水稻改制的调整启动时间。

其次,相对不变的农户稻作制度选择模式大于变化的模式,如表4.7所示,2004～2010年间,一直保持单季稻[①]或双季稻模式的水稻种植户比例高出稻作制度选择发生变化的农户比例,整体比例达到了67.04%,这说明了湘、鄂、赣、皖四省中接近七成的水稻种植户未发生稻田改制行为。进一步来说,在稻作模式未变的农户中,单双季水稻的种植户分布比例分别为59.62%和40.28%,这反映出在稻作制度选择相对稳定的群体分布中,单季稻种植模式已经占据大多数的地位。

再次,在稻作模式发生变化的样本中,存在多种变化方向,其中,水稻"双改单"农户的比例达到17.52%,而同时,观测样本也显示出有5.97%的农户出现水稻"单改双"现象。有趣的是,从农户家庭稻作模式变化的时间节点来看,水稻"双改单"发生概率最大的时间节点分别为2006年和2010年,这可能反映出2008年前后中国沿海地区受金融危机冲击所导致的劳动力回流,这种农户家庭在农业生产上劳动力的瞬间扩容,显著地影响到了水稻生产决策。另外,表4.7中的复杂型分类主要是一些不易简单归纳的稻作制度选择变化类型的农户样本,在该类样本的统计分析中,能够发现单季稻占多的趋势与大样本之间具有一致性。

从省际差异角度来看,2004～2010年间,湖北省和安徽省约五成农户保持了单季稻种植模式未变,而同期双季稻种植大省的江西省有69.72%的水稻种植户选择了双季稻模式,与鄂、赣、皖三省不同的是,湖南省则是水稻"双改单"趋势最为明显的省份,约有46.55%的农户进行了"双改单"调整,加之本省已有22.99%的单季稻种植户,到2010年,湖南省的单季稻种植户比例[②]已达69.54%。

综合来看,农户稻作制度选择的动态变化路径具有多样性,2004～2010年间,鄂、皖、赣三省中多数农户维持了稻作制度模式的相对固定,而发生变化的农户中,以湖南省农户的水稻"双改单"趋势最为明显。

4.2　农户农作物种植组合的统计描述

4.2.1　农户农作物种植组合的静态描述

在农户家庭的整个种植业结构中,稻作制度选择的变化往往会导致其他农作物种植品种、规模或方式进行相对的调整,例如,在以一年二熟制为主的长江流域,

---

①　需要指出的是,一直是单季稻或者双季稻,并不等价于农户的水稻复种指数未发生变化,这里的单双季稻仅是对农户稻作制度选择模式的识别,样本中有一小部分农户的水稻复种指数是下降或者波动的,但是整体上都被识别在单(或双)季稻中。

②　表4.2中显示湖南省2010年的单季稻种植户比例为80.46%,此处的统计未包含复杂型中的单季稻种植户,因此低于表4.2中的统计数值。

水稻"双改单"行为往往会致使农户选择油菜或者小麦等越冬农作物品种,或者选择调整耕地属性来从事蔬菜、水果或苗木等经济作物的种植。

2004～2010 年间,湘、鄂、赣、皖四省的水稻种植户的粮食作物中,小麦、玉米和薯类的种植户比例分别呈现出微弱增长、持平和下降的趋势(表 4.8)。经济作物中,除大豆种植户数出现减少外,棉花、油菜和蔬菜种植户数保持了相对稳定性,上述农作物统计的种植户比例未出现明显的变动迹象。从农户农作物种植的规模均值来看,小麦、棉花和油菜是水稻种植户家庭选择种植最多的农作物,也反映出长江流域农户的农作物种植模式可能倾向于"小麦/油菜＋水稻(水田)＋棉花/玉米"(旱地)的一年二熟制下的灌溉与旱作农业结合的生产模式。在农户种植业外部结构中,茶园、桑园和林地的经营户数及规模均保持了相对稳定,而果园和水面养殖的户数则呈现出减少的迹象,这一现象的产生原因可能是一部分果园或者水面资源朝专业化经营户的方向演变。

表 4.8　种植业中主要农作物的种植户比例与规模均值

年份	种植业内部结构							种植业外部结构				
	粮食作物			经济作物				园地			林地	水面养殖
	小麦	玉米	薯类	棉花	大豆	油菜	蔬菜	果园	茶园	桑园		
比例(%) 2004 年	24.76	16.16	32.32	18.63	19.43	61.54	82.09	4.06	9.71	5.33	24.52	3.9
2006 年	29.86	15.61	26.04	22.13	17.99	56.29	83.28	2.95	9.47	5.25	24.44	3.66
2008 年	29.86	14.81	21.82	23.65	15.37	57.4	81.29	2.87	9.47	5.25	24.84	3.26
2010 年	28.34	15.68	19.82	19.03	13.77	53.66	77.39	2.15	9.24	4.7	24.76	2.87
规模均值(亩) 2004 年	3.69	1.01	0.50	2.74	0.47	2.20	0.67	0.95	1.86	1.53	20.76	7.69
2006 年	4.23	1.05	0.60	2.83	0.45	2.35	0.63	0.85	2.07	1.53	21.16	7.77
2008 年	4.54	1.36	0.53	3.19	0.46	2.37	0.54	0.96	2.11	1.52	22.47	8.78
2010 年	4.33	1.41	0.53	3.04	0.59	2.41	0.61	0.99	2.13	1.41	24.08	6.37

注:种植业外部结构主要指农业内部但不包含传统的农作物的农业生产部分,涉及园地、林地和水面养殖等;农作物种植户数占比后括号内的数值为户均种植面积均值(亩)。

2004～2010 年间,长江流域稻作区内的湘、鄂、赣、皖四省的种植业内部变动与外部变动的均值分别为 0.258 与 0.169,且历年种植业内部的变动幅度均高出外部的变动幅度(图 4.2)。农户的种植业结构变动并未表现出剧烈的波动或者振幅,可能的原因主要是种植业在农户的收入增长中扮演了"后院"角色,当前外出或者从事非农兼业多成为其首选考虑,保持已有的种植业结构的相对稳定或者进行微调,反而有利于规避因结构变动所带来的不确定风险(薛庆根等,2014)。

进一步地,从种植业内部结构变动的省际差异能够发现,湘、鄂、赣、皖四省的种植业内部变动与水稻复种指数变化之间的关联性较强,主要表现在以下几点:

（1）种植业内部结构变动幅度较大的省份主要是湖北省、安徽省和湖南省，上述三省是当前单季稻占比多的省份，同时也是水稻"双改单"的主要省份，农户在稻作制度选择上的变化，相应地带来了农户在其他生产领域上进行生产调整，如改种经济作物等。

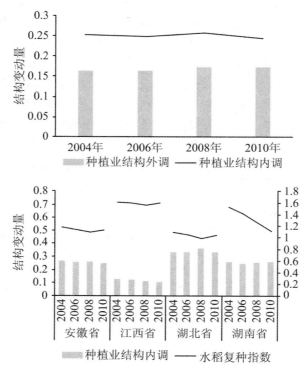

图 4.2　2004～2010 年种植业结构变动的省际差异图

（2）江西省的种植业内部结构的变动程度最低，结构变动幅度仅为 0.119，而且这一结构的变动幅度呈现出逐年递减的趋势，反映出种植业内部结构变动的可能性在降低或者更加趋稳，然而江西省恰恰是双季稻种植比例最高的省份。

4.2.2　稻作制度选择差异下的农作物种植户数及经营面积的动态描述

以 2004～2010 年农户稻作制度的选择变化为分组依据，从稻作制度选择差异视角来看，主要是农作物种植户比例和经营面积的动态变化。

（1）2004～2010 年，在稻作制度选择未发生变化的水稻种植户中，一直从事双季稻的种植户，小麦、玉米、大豆和油菜的种植比例要明显低于一直从事单季稻的种植户，这种突出差异主要是在一年二熟制的农业种植模式下，双季稻生产尤其是双季晚稻的生长周期,在一定程度上限制并降低了农户从事冬春季农作物(小麦或油菜)种植的可能性,而单季稻生产农户相对较多地进行玉米与大豆的种植,他们在劳动时间上可充分配置或利用。另外,对于种植业外部结构中的果、桑园、茶园、林地和水面养殖方面,小幅差异的产生原因可能仍是前期资源禀赋所形成的(表4.9)。

表 4.9　稻作制度选择未变化的主要农作物种植户分布比例与面积均值

类型			种植业内部结构							种植业外部结构				
			粮食作物			经济作物				园地			林地	水面
			小麦	玉米	薯类	棉花	大豆	油菜	蔬菜	果园	茶园	桑园		
一直单季稻	户数	2004 年	28.88	17.53	30.88	18.92	21.31	62.95	65.54	2.19	9.36	1.20	18.13	1.99
		2006 年	33.86	17.33	26.49	22.11	22.71	62.35	67.13	0.80	8.96	1.20	17.53	1.99
		2008 年	35.46	16.73	23.51	22.31	20.52	64.34	65.74	1.00	9.16	1.00	17.33	1.99
		2010 年	36.25	15.74	23.31	19.92	20.52	62.35	61.55	0.80	9.16	0.40	17.93	1.20
	面积(亩)	2004 年	4.60	1.10	0.63	3.48	0.58	2.56	0.87	1.93	3.12	1.52	32.15	8.05
		2006 年	4.78	1.27	0.77	3.59	0.55	2.85	0.76	3.10	3.70	1.52	33.46	9.38
		2008 年	4.85	1.61	0.61		0.53	2.77	0.65	2.68	3.65	1.72	36.44	9.10
		2010 年	4.77	1.59	0.58	4.07	0.71	2.80	0.76	2.35	3.69	1.30	38.72	5.50
一直双季稻	户数	2004 年	23.53	4.71	31.18	19.41	10.88	57.06	98.82	5.59	5.59	7.35	26.18	5.29
		2006 年	29.71	5.00	18.24	22.65	5.59	43.24	99.41	6.18	5.59	7.06	27.06	4.12
		2008 年	30.29	4.12	14.12	29.12	7.35	42.06	98.53	5.00	5.88	7.35	26.76	4.12
		2010 年	27.35	4.71	11.76	19.41	5.00	40.29	96.47	3.82	6.18	7.06	26.76	3.53
	面积(亩)	2004 年	2.50	0.49	0.33	2.70	0.58	1.73	0.58	0.52	0.28	1.34	12.11	11.39
		2006 年	3.26	0.51	0.31	2.44	0.24	1.69	0.52	0.40	0.28	1.34	11.70	9.44
		2008 年	3.75	0.40	0.34	2.61	0.30	1.91	0.42	0.51	0.28	1.34	11.80	11.50
		2010 年	3.21	0.54	0.37	2.04	0.30	2.00	0.49	0.49	0.30	1.34	12.74	8.67

注:样本中一直单季稻与一直双季稻的农户数分别为 502 户和 340 户,表中各作物的种植户比例可通过样本总数还原为户数;表中面积均值的计量单位为亩。

(2) 从作物种植面积均值来看,一直从事单季稻的农户在小麦、玉米、薯类、棉花、大豆、油菜和蔬菜种植方面均一致地高出一直从事双季稻的生产户,这一现象产生的可能原因:一是相比于双季稻,单季稻生产节约的劳动时间和生产配置的更加宽松性,导致农户可以相对容易地增加其他农作物品种的生产;二是单双季水稻之间的耕地和种植时间等差异,也增加了单季稻农户进行小麦或油菜的生产条件。

(3) 2004~2010 年间,稻作制度选择发生变化的种植户中,水稻"双改单"与"单改双"两组农户间的粮食作物、棉花、大豆和油菜种植户比例与面积规模均未发现存在显著性差异,仅仅在蔬菜上,水稻"双改单"的种植户比例要高出"单改双"的农户。农户稻作制度选择发生变化的组别之间未出现明显的作物种植比例和经营规模上的差异,可能的原因是农户的水稻生产资源(如劳动力、劳动时间与资金等)更多地转移或者配置到了非农生产活动上(表 4.10)。

表 4.10 稻作制度选择变化的主要农作物种植户分布比例与面积均值

类型			种植业内部结构							种植业外部结构				
			粮食作物			经济作物				园地			林地	水面
			小麦	玉米	薯类	棉花	大豆	油菜	蔬菜	果园	茶园	桑园		
双改单	户数	2004 年	15.91	18.18	39.55	17.73	27.73	64.09	93.18	5.45	17.73	11.82	34.55	6.36
		2006 年	16.36	20.91	36.36	24.55	24.55	57.73	93.18	2.73	17.73	11.82	33.18	5.91
		2008 年	13.64	19.55	29.55	21.82	16.36	61.82	90.91	2.27	17.27	11.82	34.09	3.64
		2010 年	11.36	20.91	24.55	19.55	11.36	55.91	85.91	2.27	15.45	10.45	33.18	3.64
	面积(亩)	2004 年	2.57	0.89	0.41	2.00	0.33	2.09	0.57	0.74	1.05	1.82	16.89	3.94
		2006 年	3.71	0.75	0.47	2.28	0.31	2.11	0.65	0.93	1.05	1.83	17.85	6.15
		2008 年	4.66	1.22	0.47	3.54	0.48	2.02	0.52	0.86	1.15	1.78	38.25	4.88
		2010 年	3.80	1.30	0.51	3.07	0.51	2.10	0.50	1.40	1.10	1.61	23.27	4.56
单改双	户数	2004 年	26.32	20.00	34.74	16.84	16.84	64.21	82.11	3.16	16.84	5.26	37.89	5.26
		2006 年	33.68	16.84	30.53	18.95	22.11	65.26	83.16	2.11	14.74	5.26	36.84	6.32
		2008 年	29.47	14.74	24.21	12.63	15.79	61.05	74.74	3.16	13.68	5.26	38.95	6.32
		2010 年	29.47	20.00	13.68	10.53	12.63	55.79	75.79	3.16	10.53	5.26	40.00	4.21
	面积(亩)	2004 年	3.31	0.95	0.35	0.64	0.39	2.32	0.73	0.73	1.61	1.00	20.33	6.02
		2006 年	4.10	0.99	0.48	0.65	0.34	2.43	0.73	0.85	1.72	1.02	21.71	7.58
		2008 年	4.66	1.29	0.40	1.76	0.27	2.47	0.65	0.77	1.90	1.02	24.86	9.00
		2010 年	4.57	1.42	0.47	1.40	0.34	2.25	0.76	1.23	2.06	1.02	30.71	4.55

注:样本中一直单季稻与一直双季稻的农户数分别为 220 户和 95 户,表中各作物的种植户比例可通过样本总数还原为户数;表中面积均值的计量单位为亩。

4.2.3 农户稻作制度选择差异下的主要农作物种植收入的动态描述

依据农户不同的稻作制度选择变化类型进行分组,从 2004~2010 年水稻及相关农作物收入占比的动态变化来看,主要有以下特征:

(1)农户种植业收入占比份额反映出,水稻、小麦与棉花占据农户种植业结构中的主导地位,而玉米、薯类和大豆的占比份额不高,表现出一定的附属地位。在农户家庭种植业收入构成中,水稻、棉花和小麦构成了种植业的主要收入来源,这符合长江流域稻作区内湘、鄂、赣、皖四省水田与旱作结合的农业耕作的基本特征(表 4.11)。

表 4.11 不同稻作制度选择变化下的主要农作物收入占比统计

(单位:%)

作物	一直单季稻				一直双季稻			
	2004 年	2006 年	2008 年	2010 年	2004 年	2006 年	2008 年	2010 年
水稻	27.33	24.13	23.55	17.33	55.07	50.57	52.59	54.29
小麦	18.80	16.42	18.22	15.32	6.36	11.63	10.71	9.47
玉米	5.01	3.85	6.57	5.01	1.81	1.30	1.61	1.89
薯类	2.66	1.93	1.72	1.57	1.39	0.97	1.96	0.99
棉花	28.92	36.51	28.01	42.56	24.66	24.61	18.98	19.37
大豆	1.91	1.44	1.85	2.39	1.15	0.80	1.22	1.00
油菜	8.94	7.90	11.98	8.05	4.68	4.03	7.41	5.01
蔬菜	6.43	7.81	8.10	7.77	4.88	6.10	5.53	7.97

作物	双改单				单改双			
	2004 年	2006 年	2008 年	2010 年	2004 年	2006 年	2008 年	2010 年
水稻	46.50	36.32	28.06	25.00	48.82	41.76	30.48	29.78
小麦	12.51	15.07	20.95	15.44	15.80	18.42	18.17	18.08
玉米	5.06	3.75	5.80	6.47	4.46	3.50	5.48	5.87
薯类	2.49	2.16	1.81	2.19	2.10	1.79	1.33	2.68
棉花	16.00	27.44	24.91	34.23	5.67	7.65	13.18	18.66
大豆	1.47	1.12	1.88	2.29	1.34	1.18	1.15	1.28
油菜	9.68	7.64	8.72	7.79	11.76	11.58	17.16	11.31
蔬菜	6.29	6.51	7.86	6.59	10.05	14.12	13.06	12.34

注:表中各农作物的收入占比均依据当年价格计算。

(2) 在农户稻作制度选择未发生变化的群组中,从农户家庭主要农作物收入占比份额来看,一直从事单季稻生产的农户倾向于选择"水稻＋棉花＋小麦/油菜"的组合形式,而一直从事双季稻生产的农户倾向于选择"水稻＋棉花"的组合形式,其冬春季作物①的小麦与油菜收入占比明显低于一直从事单季稻生产的农户。进

---

① 需要指出的是,对于长江流域一年二熟的大部分地区,同一地块种植双季稻会影响到冬春作物的种植,但是在样本中,对于一直从事双季稻种植的农户来说,还是有一部分农户种植了冬春作物,这其中主要的原因是冬春作物在长江流域并非绝对在水田种植,一些有灌溉条件的旱地、池塘边角地等均可进行种植,这样有利于农户对耕地的最大化利用和解决家庭部分农产品的需求。

一步从主要农作物的收入份额的变化来看,对一直从事于单季稻生产的农户来说,种植业收入份额中稻作收入逐年减少,而棉花收入占比出现上升势头。相反,一直从事于双季稻生产的农户,其稻作收入份额基本保持在 55% 左右,同时棉花的收入占比却呈现下降趋势。上述两种变化趋势反映出双季稻生产的劳动力被牵制程度要高出单季稻,从而导致一直从事双季稻生产的农户在多个农作物种植收入份额上变化较小或基本稳定,甚至在一定程度上影响到劳动密集型投入的棉花种植。

(3) 在农户稻作制度选择发生变化的群组中,"双改单"与"单改双"农户的水稻收入占比均出现逐年下降趋势,这一变化导致两组农户的棉花收入占比均呈现增长,其中,"双改单"农户的棉花收入占比份额要高出"单改双"农户。对比两组农作物的收入占比份额变化,"单改双"农户的水稻收入占比未出现预期的上升趋势,可能的原因是同期油菜和蔬菜收入份额的上升,暗示出在农户稻作制度变化的同时,可以适当地进行了油菜、蔬菜的种植决策调整。

综合以上统计分析,农户基于耕地资源利用与收入最大化的考虑,可以有效地调整水田与旱地作物之间的种植面积和种植方式,也可以利用熟制变化搭配全年农作物种植决策。表 4.11 中所示农户稻作制度选择变化关联程度最大的农作物是棉花[①],而非水稻的替代性农作物(如同季的夏玉米与大豆,以及一年二熟制下非同季农作物的油菜与小麦)。虽然替代作物种植在一定程度上存在着与水稻劳动配置上的竞争性,但替代性农作物收入份额在农户种植业收入结构中的相对稳定性,说明决定农户稻作制度选择变化可能另有原因。

4.3 农户农业生产的成本与收益的统计描述

水稻种植收益是影响农户生产决策的重要参考因素之一,有效地比较农户单双季水稻的生产成本与收益,有利于掌握稻农行为选择与变化的原因。

4.3.1 稻作制度选择差异下的成本收益比较

2004～2010 年,农户单季稻种植的亩均净收益保持了相对稳定,而双季稻的

---

① 这一结论主要是从样本观测(表 4.9、表 4.10 和表 4.11)中所归纳得到的。第一,一直从事单季稻和"双改单"农户的棉花种植面积均值高出同期一直从事双季稻和"单改双"农户,相应地上述两种稻作制度选择类型的农户棉花收入占比水平也高出一直从事双季稻和"单改双"的农户;第二,样本观测发现不同稻作制度选择类型的农户棉花种植面积呈现出差异性趋势,除"单改双"农户由于户均棉花种植面积较小外,一直从事单季稻和"双改单"农户的棉花种植面积呈现小幅度增长趋势,相反,一直从事双季稻农户的棉花种植面积却表现为下降趋势。棉花作为长江流域农业生产中典型的劳动密集型农作物品种,与水稻或者双季稻生产之间存在一定的争工现象。

亩均净收益呈现出小幅度的 U 型变化,同时也应注意到,双季稻与单季稻的亩均净收益差额有逐步扩大的迹象,两者的净收益差额由 2004 年的 129.24 元/亩扩大到 2010 年的 217.58 元/亩,这可能在一定程度上解释了 2008～2010 年度相对于 2004～2008 年度的农户水稻复种指数下降趋缓,而且这种单双季水稻的实际净收益差额,给调控长江流域双季稻生产提供了较好的经济基础,有利于调动农户双季稻的生产积极性(表 4.12)。

表 4.12　单双季水稻的亩均净收益与成本构成比较

年　份	单季稻				双季稻			
	2004 年	2006 年	2008 年	2010 年	2004 年	2006 年	2008 年	2010 年
净收益(元/亩)	555.28	481.89	514.94	548.77	684.52	565.06	639.47	766.35
价格(元/千克)	1.67	1.64	1.84	1.99	1.50	1.45	1.72	1.97
产量(千克/亩)	467.24	461.37	469.81	465.43	664.99	654.51	645.99	656.30
物质资本投入(元/亩)	164.66	191.94	244.60	261.37	229.91	273.59	334.70	381.59
劳动投工(日/亩)	16.56	15.58	15.92	15.64	26.61	26.43	24.92	24.59
机械作业费(元/亩)	46.15	64.98	89.17	103.25	76.92	100.39	132.97	147.78
粮食补贴(元/亩)	50.30	39.63	62.88	61.24	52.92	43.07	91.51	99.66

注:表中双季稻投入与产出的亩均指耕地亩数,非水稻播种面积亩数;净收益为收入减去物质资本投入、畜力和机械使用费之和,其中,物质资本投入包含种子秧苗费、农家肥折价、化肥费、农药费、农膜费、水电灌溉费、小农具购置修理费和其他;价格和成本收益数值均为当年价格。

在稻农出售的稻谷价格方面,单双季稻谷出售价格均保持了一致的小幅度上涨趋势,到 2010 年,长江流域的水稻收购均价达到 1.98 元/千克,较 2004 年上涨 0.39元/千克,年均增幅度约为 0.065 元。但是,同年的单季稻价格略微高出双季稻价格,这一价格差产生的可能原因:一是早稻收购价普遍低于中晚稻;二是由于"双抢"环节的密集劳动,导致早稻收割后晾晒不充分,稍高的含水率压低了稻谷收购价。

与此同时,2004～2010 年单季稻亩均产量相对稳定,在 460 千克/亩上下浮动,而由于双季稻为两茬轮作及早中晚稻的生长特点等,双季稻亩均产量水平高出单季稻,突显了双季稻的增产优势。

自 2004 年起,为提高农户种粮积极性而实施的粮食补贴[①],对提高农户水稻净收益产生了积极贡献,尤其是双季稻的专项补贴,对于提高和稳定农户的双季稻种植意愿及规模起到了积极作用。然而我们发现,2004～2010 年间,水稻生产上的亩

①　由于统计数据有限,农户的粮食补贴未详细列出国家为具体农作物配发的补贴金额,但鉴于中国长江流域单双季稻作区在农业轮作制度及农作物品种上的相似性,本书未对这一指标进行分解,统一用农户当年领取的粮食补贴作为水稻的补贴金额。

均物质资本投入呈现出强劲的增长势头,从 2004 年的 197.29 元/亩增长到 2010 年的 321.48 元/亩,增幅达到 62.95%。再从单双季水稻的物质资本投入来看,双季稻的亩均物质资本投入增幅与增速均高出单季稻,分别达到 151.68 元/亩和 65.98%,而同期单季稻的增幅与增速分别为 96.71 元/亩和 58.73%,双季稻亩均物质资本投入的过快增长,削弱了双季稻的净收益提升空间。

从物质资本投入的具体构成来看,化肥费、农药费、水电灌溉费及种子秧苗费依次占据了单季稻、双季稻的物质资本投入的前四位,四项合计支出总额占到物质资本投入的八成以上。由于农资产品中的化肥费增长过快,以及农药费与种子秧苗费近乎翻倍地增长,拉动了物质资本投入的快速上涨,因此,合理地控制农资价格上涨,对削减农户水稻种植成本和促进稻作净收益增长具有显著作用(表 4.13)。

表 4.13　单双季水稻的物质资本投入构成与比较

(单位:元/亩)

年　份	单季稻				双季稻			
	2004 年	2006 年	2008 年	2010 年	2004 年	2006 年	2008 年	2010 年
种子秧苗费	21.05	25.89	33.10	42.24	25.48	32.58	36.43	56.90
农家肥折价	27.50	33.07	46.83	47.56	18.95	24.14	26.19	48.21
化肥费	82.16	88.83	126.26	120.31	130.52	149.46	195.01	190.56
农膜费	8.24	9.03	9.77	12.84	8.64	11.22	13.91	15.06
农药费	30.20	40.75	47.79	56.19	44.32	62.04	78.68	87.59
水电灌溉费	31.95	38.52	42.73	43.09	24.57	23.33	24.31	27.01
小农具购置修理费	10.91	20.33	22.01	15.80	11.89	14.84	10.05	13.38
其他材料费	15.27	22.36	25.88	46.60	17.25	20.51	28.08	50.90

2004～2010 年间,长江流域稻作区内的农机装备数量和农机服务程度得到了长足的发展,农机装备对传统人畜力的替代程度不断深化。2004～2010 年,单双季稻的亩均机械费虽表现出稳步的增长趋势,但也应发现,水稻生产上的亩均机械费的增长幅度在不断放缓,这主要是由于国家和地区的农机补贴政策引致了农村农机设备(总动力和机械数量)的增长,从而降低了农户的使用成本,并提高了农户获取农机服务的便捷性(表 4.14)。

表 4.14 2004～2010 年单双季水稻种植农户的生产投入详情

年 份	单季稻				双季稻			
	2004 年	2006 年	2008 年	2010 年	2004 年	2006 年	2008 年	2010 年
雇工农户比例(%)	11.73	12.99	11.26	13.27	12.34	17.96	10.77	12.91
每日工价(元/日)	29.20	39.91	51.70	58.77	28.76	37.27	49.89	59.25
亩均雇工数(人/亩)	3.53	1.91	1.72	2.23	2.87	3.25	2.99	2.92
亩均用工量(日/亩)	16.56	15.58	15.92	15.64	26.61	26.43	24.92	24.59
亩均畜力费(元/亩)	53.66	66.80	83.03	110.55	73.78	65.40	66.64	66.59
亩均机械费(元/亩)	46.15	64.98	89.17	103.25	76.92	100.39	132.97	147.78

注:表中双季稻投入产出的亩均指耕地亩数,非水稻播种面积亩数;亩均雇工数和工价是指水稻生产环节上雇佣了劳动力的农户的统计数字;亩均用工量包含了自身投工和雇工数;雇工工价、畜力费和机械费均为当年价格。

进一步研究发现,2004～2010 年,单双季水稻需要的亩均劳动投工量也呈现出小幅度下降趋势。与此同时,长江流域单双季稻作区约有一到两成的农户在水稻生产中雇佣了劳动力,其中,单季稻生产者雇佣比例略高出双季稻。结合亩均雇工数量来看,双季稻的亩均雇工数高出单季稻 0.5～1 个工左右,且结合不断攀升的工价可见,双季稻种植由此需要比单季稻多支出 0.5～1 个工价的雇工成本,这在一定程度上会减少双季稻生产者的净收益。

4.3.2 不同稻作制度选择变化下的水稻生产成本与收益比较

得益于稻谷收购价的逐年增长和水稻单位产量的稳定,不同稻作制度选择变化下的农户稻作亩均收入呈现出逐年上升的趋势(表 4.15)。然而,在扣除水稻生产成本后,农户的稻作亩均净收益的上升趋势则相对缓慢或者接近于停滞状态,尤其是对于一直从事于双季稻与"单改双"生产的农户来说,选择双季稻生产所带来的亩均净收益增长幅度或者增速过缓,可能会潜在地诱发稻作选择行为向单季稻的转变或者后期"单改双"模式的稳定性。不同稻作制度选择变化下的物质资本投入及构成要素投入,均呈现出一致的上涨势头,组别之间也未发现存在显著性差异,其中化肥与农药投入成为拉动物质资本投入快速增长的主要因素。

表 4.15 不同稻作制度选择变化下的水稻收益统计

模式	亩均收入(元/亩)				亩均净收益(元/亩)			
	2004 年	2006 年	2008 年	2010 年	2004 年	2006 年	2008 年	2010 年
一直单季稻	778.57	770.17	871.90	929.17	550.32	496.92	527.74	550.55
一直双季稻	976.99	944.27	1112.53	1309.25	641.24	547.71	621.45	762.31

续表

模式	亩均收入(元/亩)				亩均净收益(元/亩)			
	2004年	2006年	2008年	2010年	2004年	2006年	2008年	2010年
双改单	1033.73	835.61	930.72	942.53	738.23	503.80	536.02	552.82
单改双	876.98	779.56	944.23	1098.73	660.90	493.97	584.84	643.83

注:表中水稻亩均收入与净收益均为当年价格。

由于水稻生产环节上农机服务的大力发展,对于减少或缓解生产者的水稻用工量和强度起到了有效的要素替代作用,这一点反映在不同组别之间的亩均劳动用工量所出现的一致性降低,尤其对部分"单改双"农户而言,其水稻生产的亩均用工量未出现因复种指数上升而导致的用工量增加的趋势,反而有小幅度的减少(表4.16)。

表 4.16　不同稻作制度选择变化下的水稻生产投入统计

指　　标	一直单季稻		一直双季稻		双改单		单改双	
	2004年	2010年	2004年	2010年	2004年	2010年	2004年	2010年
种子秧苗费(元/亩)	20.95	41.69	24.38	53.76	27.33	43.43	19.67	60.87
农家肥折价(元/亩)	28.78	52.45	15.14	48.42	22.30	36.22	14.50	43.48
化肥费(元/亩)	81.65	120.31	139.64	199.74	117.07	119.47	87.01	142.25
农膜费(元/亩)	7.95	13.87	10.04	14.45	6.31	12.77	8.67	19.50
农药费(元/亩)	30.36	53.00	46.45	92.57	42.37	62.06	21.93	63.18
水电灌溉费(元/亩)	33.74	45.23	22.59	21.20	29.20	37.01	27.55	50.75
小农具购置修理费(元/亩)	11.72	15.86	10.38	11.64	15.11	15.64	11.61	22.67
其他材料费(元/亩)	15.20	50.49	17.33	47.04	18.75	34.32	13.99	55.52
合计:物质资本投入(元/亩)	166.89	264.77	242.14	388.60	213.81	253.17	150.40	315.39
亩均用工量(日/亩)	16.10	14.68	27.02	25.36	25.45	17.94	20.87	18.34
亩均畜力费(元/亩)	57.74	96.71	68.73	66.23	79.36	132.52	52.72	66.52
亩均机械费(元/亩)	45.84	100.51	85.50	149.15	62.71	109.40	50.27	133.22

注:水稻物质资本构成中的单项要素投入存在零值,而且这一部分零值未进入均值统计,由此导致单项均值加总后的总和与单项加总后得到的物质资本投入均值不相等;表中水稻生产成本支出均为当年价格。

4.4　家庭农业生产经营决策者的特征统计描述

在表 4.17 的总样本中,农户家庭水稻生产经营决策者的年龄和受教育程度均值分别为 52.05 岁与 5.73 年,这显示出中老年和初中教育程度构成了 2004～2010年长江流域湘、鄂、赣、皖四省的水稻生产经营者的整体性特征。在省与省之间,湘、鄂、赣、皖四省的水稻生产者年龄与受教育程度未出现显著差异,其中微弱的差异性主要体现在江西省、安徽省的稻农年龄均值和老龄化程度相对略高出湖北省与湖南省,且赣、皖两省稻农的受教育程度也一致地略低于湘、鄂两省。

表 4.17　农户家庭农业生产经营决策者的年龄与受教育程度统计

指标		年龄(周岁)				受教育程度(年)			
		2004 年	2006 年	2008 年	2010 年	2004 年	2006 年	2008 年	2010 年
	总样本	49.04	50.90	52.26	54.47	5.70	5.65	5.82	5.74
省际	湖南省	49.60	50.10	52.03	53.83	6.87	6.78	6.58	6.89
	湖北省	47.96	49.36	50.59	52.82	6.13	6.14	6.36	6.35
	江西省	49.78	52.17	53.92	56.12	5.58	5.31	5.54	5.43
	安徽省	49.13	51.56	52.51	54.88	5.07	5.08	5.36	5.10
变化模式	一直单季稻	49.73	51.56	52.53	54.78	5.72	5.70	5.96	5.67
	一直双季稻	47.86	50.41	52.23	54.31	5.68	5.63	5.65	5.70
	双改单	48.75	49.46	50.51	53.73	5.66	5.60	5.87	5.90
	单改双	50.10	51.87	53.99	55.96	5.66	5.42	5.64	5.18

从不同稻作制度选择变化的差异来看,组间的水稻生产者的受教育程度分布基本趋同,未发现存在明显的受教育水平上的差异性。不同稻作制度选择变化的组间,水稻生产者的年龄分布整体上未出现显著差异,其中,"一直双季稻"与"双改单"的农户年龄均值略低于另外两组。

4.5　稻作制度选择差异下的农户收入增长与来源构成分析

2004～2010 年间,长江流域单双季稻作区内的水稻种植农户家庭总收入呈现出较快的增长势头(表 4.18),户均(名义)收入由 2004 年的 1.89 万元增长到 3.98

万元,年均增速约为 13.2%,这与同期全国农村居民家庭人均总收入[①]年均增速 12.3% 的水平基本一致且略高。从水稻种植户的全年家庭总收入构成[②]来看,家庭经营收入[③]和外出从业工资性收入是总收入的两大组成部分,两者合计比重为八成以上。但是,两者合计的比重呈现出逐年降低的趋势,由 2004 年的 88.78% 降至 2010 年的 82.60%,这其中,家庭经营收入比重降幅显著,达 9.12 个百分点,成为拉动两大收入构成比重下行的主要原因。对于水稻种植户来说,农业收入作为家庭经营收入的主要来源之一,其比重下降在一定程度上说明了以农业收入为主的家庭经营收入,无法有效地保障现阶段中国农户收入的持续增长,加上中国人多地少的现实资源的约束,更使得家庭经营收入在促进农户持续增收中显得相对乏力。

表 4.18 水稻种植农户的收入构成与比重

指标	收入金额(元)				比重(%)			
	2004 年	2006 年	2008 年	2010 年	2004 年	2006 年	2008 年	2010 年
家庭全年总收入	18930.23	23165.74	30976.83	39759.86	—	—	—	—
家庭经营收入	11214.49	12512.95	15888.76	19926.01	59.24	54.01	51.29	50.12
外出从业工资性收入	5592.90	8226.05	11049.05	12912.99	29.54	35.51	35.67	32.48
租赁收入	37.26	32.67	64.67	60.02	0.20	0.14	0.21	0.15
利息股息红利收入	292.73	275.57	300.52	327.54	1.55	1.19	0.97	0.82
乡村干部或教师工资收入	314.29	300.40	408.33	521.70	1.66	1.30	1.32	1.31
其他收入	1478.57	1818.10	3265.49	6011.59	7.81	7.85	10.54	15.12
家庭经营收入中现金收入	7270.39	8815.27	10823.99	14341.93	38.41	38.05	34.94	36.07
家庭全年纯收入	13565.11	16838.12	22346.09	32064.30	71.66	72.69	72.14	80.64

注:表中收入均为当年价格;家庭经营收入、外出从业工资性收入、租赁收入、利息股息红利收入、乡村干部或教师工资收入与其他收入共同构成了农户家庭总收入;家庭经营收入中现金收入与家庭全年纯收入的比重是其相对于家庭全年总收入的占比。

---

① 全国农村居民家庭人均总收入由 2004 年的 4039.6 元增长到 2010 年的 10990.7 元,年均增速约为 12.3%,数据来自历年《中国统计年鉴》,其中增速数据为笔者计算所得。

② 由于观察点数据在 2009 年调整了统计口径,本书以 2009~2010 年统计指标为基准,对 2004~2008 年统计指标做如下调整:外出打工收入与外出经商收入之和记作外出从业工资性收入;利息股息红利收入与从集体得到的收入之和记作利息、股息、红利收入;将"国家职工工资收入"视作"乡村干部或教师工资收入";2009~2010 年的租赁收入包含了耕地转包收入与林地转包收入;其他收入为家庭总收入减去上述所有收入外的收入,是作者计算所得,与观察点数据中的其他收入非等同。

③ 家庭经营收入是指农村住户以家庭为生产经营单位进行生产筹划和管理而获得的收入。它不包括借贷性质和暂收性质的收入,也不包括从乡村集体经济组织外获取的转移性收入,如亲友馈赠、财政补贴、救灾救济、退休金、意外所获等。

2004～2010 年间,水稻种植户的现金收入比重保持在四成左右,现金收入在农户家庭总收入中维持了相对稳定的比例。同时,家庭全年纯收入的比重呈现稳步上升的趋势,由 2004 年的 71.66% 逐步上升到 2010 年的 80.64%,年均增幅达到 1.49 个百分点,农户纯收入比重的稳步上升,可能主要是源于家庭总收入增长和家庭消费支出的相对稳定。

进一步从农户稻作制度选择差异角度来看,单双季水稻种植户的家庭总收入、经营收入与外出从业工资性收入均呈现增长趋势,而且组间也未发现存在显著性差异。值得注意的是,就家庭全年总收入来说,自 2006 年开始,单季稻种植户的总收入水平开始超过双季稻农户,而且单季稻种植户的总收入优势(差额)呈现逐步增加的迹象,到 2010 年,单季稻农户的总收入高出双季稻农户 2014.04 元。

单双季水稻种植户总收入差额的扩大,主要反映在单季稻种植户外出从业工资性收入的快速上涨,成为拉大总收入差距的主要原因。另外,双季稻种植户的家庭经营收入相对高出同期单季稻种植户,这也在一定程度上缓解了单双季水稻种植户之间的总收入差距,有利于实现农村居民的收入均衡(表 4.19)。

表 4.19　单双季水稻种植户的收入构成

(单位:元)

指　标	单季稻				双季稻			
	2004 年	2006 年	2008 年	2010 年	2004 年	2006 年	2008 年	2010 年
家庭全年总收入	18925.38	23707.98	31807.35	40492.68	18935.40	22446.78	29687.17	38478.64
家庭经营收入	10762.39	12246.39	15229.09	19876.61	11696.33	12866.38	16913.13	20012.38
外出从业工资性收入	5826.80	8735.42	12084.75	13500.10	5343.60	7550.67	9440.78	11886.51
租赁收入	17.93	7.46	57.30	70.78	57.85	66.10	76.12	41.21
利息股息红利收入	397.02	334.18	344.20	469.76	181.58	197.85	232.71	78.89
乡村干部或教师工资收入	388.27	305.96	433.99	434.55	235.43	293.02	368.47	674.07
其他收入	1532.96	2078.57	3658.02	6140.87	1420.60	1472.76	2655.96	5785.58
家庭经营收入中现金收入	6809.92	8367.05	10321.40	14508.63	7761.16	9409.56	11604.43	14050.49
家庭全年纯收入	13828.33	17628.09	23581.88	33126.74	13284.58	15790.67	20427.11	30206.78

注:表中收入均为当年价格。

综合本章的统计性描述结果来看,2004～2010 年间,长江流域单双季稻作区内湘、鄂、赣、皖四省的水稻复种指数呈现逐年下降后趋稳的迹象。户均水稻种植面积呈现出小幅度的增加趋势,水稻复种指数存在向大户集中的迹象。在整个样本的观测期内,农户稻作制度选择存在多种变化模式,"一直单季稻""一直双季稻""双改单"与"单改双"共存,其中,湖北省、安徽省和江西省三省中多数农户维持了稻作制度模式的相对固定,而湖南省农户水稻"双改单"趋势最为明显。

在农户种植结构方面,2004~2010 年,湘、鄂、赣、皖四省的水稻种植户倾向于"小麦/油菜＋水稻(水田)＋棉花/玉米(旱地)"的一年二熟制下的灌溉与旱作农业结合的生产模式。综合比较农户在不同农作物之间的相对收入及播种面积的变化,发现与农户稻作制度选择变化关联程度最大的农作物是棉花,而非水稻的替代性农作物(如同季的夏玉米与大豆以及一年二熟制下非同季的油菜与小麦)。虽然替代作物种植在一定程度上存在着与水稻劳动配置上的竞争性,但替代性农作物收入份额在农户种植业收入结构中的相对稳定性,说明了决定农户稻作制度选择变化的可能另有原因。进一步从统计数据上探析农户稻作制度选择的影响原因时可发现,2004~2010 年,农户单季稻种植的亩均净收益保持了相对稳定,而双季稻种植的亩均净收益呈现出小幅度的 U 形变化,但双季稻与单季稻的亩均净收益差额有逐步扩大的迹象。

第5章 农户收入视角下种植结构变化对稻作制度选择的影响分析

本章首先统计比较不同稻作组合模式下的亩均收入和净收益差异,然后实证分析农户家庭种植业结构变化对稻作制度选择的影响程度,以及村庄水稻生产和种植结构变化对农户稻作制度选择决策的影响。

5.1 农户种植结构中不同稻作组合的收入差异比较

追溯长江流域稻作区内农户稻作制度选择变化的原因,除了水稻种植净收益的直接变化外,相关替代农作物的种植收益也可能诱发农户水稻生产决策的变化。

从表5.1中农户的主要稻作组合类型来看,"稻+麦""稻+油菜"与"稻+麦+油菜"是单季稻种植户选择搭配的主要组合类型,其中,"稻+油菜"是单季稻农户选择的主导模式,约占五成的比例。从单季稻作物组合类型的省际分布来看,"稻+麦"组合主要分布在安徽省和湖北省,湖南省和江西省可能由于地处长江以南,饮食习惯导致较少种植小麦作物①。

---

① 关于样本未观测到湖南省和江西省的小麦种植,初期本书质疑是否样本有偏,后经过比对相关统计资料发现,湖南省和江西省的小麦在农作物中的占比极低,以至于小麦生产的成本收益未被统计进《全国农产品成本收益资料汇编》。从2011年《中国统计年鉴》发现,2010年,湖南省和江西省的小麦种植面积分别为39.2千公顷和10.4千公顷,分别占中国小麦总面积(24257千公顷)的0.161%和0.043%,分别在两省农作物种植面积的比重为0.477%和0.191%;湖南省和江西省的小麦产量分别为9.9万吨和2.1万吨,分别占中国小麦总产量(11518.1万吨)的0.086%和0.018%,分别占两省粮食总产量的0.347%和0.107%。

表 5.1 单季稻作物组合模式下的农户比例

（单位：%）

组合类型	年　份				省际分布			
	2004 年	2006 年	2008 年	2010 年	湖南省	湖北省	江西省	安徽省
稻＋麦	17.13	17.18	17.02	16.15	0.00	10.34	0.00	89.66
稻＋油菜	51.08	47.35	50.52	46.31	12.76	30.43	6.87	49.93
稻＋麦＋油菜	12.19	16.34	14.66	12.14	1.73	82.22	0.00	16.05
稻＋冬闲	19.60	19.13	17.80	25.41	—	—	—	—

注：冬闲是相对小麦和油菜而言的，部分农户仅种植了单季稻，没有关于当年小麦和油菜的种植记录，本书将这类农户归类为稻＋冬闲，但不排除农户种植了其他越冬农作物品种而未被观测点数据所记录的可能性。

从表 5.2 中的农作物每亩收入来看，单季稻最高，双季稻（早晚平均）其次，小麦与油菜均低于水稻。从农作物户均种植面积[①]来看，水稻播种面积占主导地位，小麦其次，而油菜种植面积稍低。小麦户均播种面积仅次于水稻，主要原因在于当前小麦生产基本实现了全程机械化（陈劲松，2013），但是长江流域（红皮）小麦受到品质不高、退出收购保护价以及小麦产量波动剧烈等不利影响，导致农户的小麦种植程度不高，到 2010 年，仅有约 28% 的单季稻种植户选择搭配种植小麦。另外，由于饮食习惯与食用油价格上涨，油菜一直以来是长江流域稻作区内农户搭配的主要冬春作物，但是户均油菜种植面积普遍较少，这可能是由于现阶段农村油菜机械化程度不高，据陈劲松（2013）指出，到 2009 年，中国油菜生产的机收率仅为 8.8%。

表 5.2 水稻与替代作物组合模式下的收入比较

组合模式		单位面积收入（元/亩）				种植面积（亩）			
		2004 年	2006 年	2008 年	2010 年	2004 年	2006 年	2008 年	2010 年
双季稻		608.09	586.01	707.60	788.84	9.02	9.25	9.40	10.15
稻＋麦	一季稻	773.60	790.89	927.62	947.55	5.83	6.50	6.62	6.49
	小麦	439.00	423.58	559.76	677.93	5.35	6.07	6.32	6.22
稻＋油菜	一季稻	769.60	731.11	840.00	937.52	3.47	3.48	3.39	3.57
	油菜	399.40	370.37	620.17	559.15	2.67	2.71	2.38	2.47
稻＋麦＋油菜	一季稻	759.61	757.39	864.00	990.67	3.32	3.65	3.20	2.98
	小麦	352.06	353.44	436.41	490.42	2.90	3.10	3.23	2.80
	油菜	449.36	486.14	643.21	565.06	1.73	2.62	3.25	2.96

---

① 需要指出的是，一部分具备灌溉条件的旱地，也可以进行小麦和油菜种植，所以导致单季稻搭配小麦或油菜的总面积高于水稻播种面积。

注:表中双季稻的单位面积收入和种植面积均指水稻播种面积,收入统计为当年价格。

基于表 5.2 中不同稻作组合类型下的作物单位面积收入,按照 1∶1 的搭配比例[①],可得到农户稻作组合差异下的每亩耕地年收入。2004～2010 年,双季稻、"稻+麦""稻+油菜"与"稻+麦+油菜"亩均收入呈现同步上涨趋势,4 种稻作组合类型之间的收入差异不显著(图 5.1)。考虑到表 5.1 中"稻+麦"和"稻+麦+油菜"组合在湖南省和江西省分布比例较小,对双季稻主产区的湘、赣两省来说,双季稻相比于稻田改制后选择的"稻+油菜",仍然保持了微弱的收入优势。因此,双季稻和单季稻组合作物的每亩收入未表现出明显的差异性,这表明水稻替代作物的相对收入可能并非是影响农户稻作制度选择变化的决定性原因。

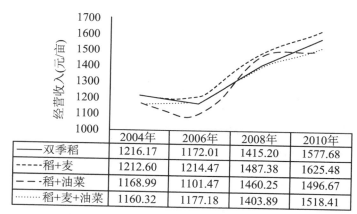

	2004年	2006年	2008年	2010年
—— 双季稻	1216.17	1172.01	1415.20	1577.68
----- 稻+麦	1212.60	1214.47	1487.38	1625.48
– – 稻+油菜	1168.99	1101.47	1460.25	1496.67
······ 稻+麦+油菜	1160.32	1177.18	1403.89	1518.41

图 5.1　不同稻作组合模式的亩均收入

既然不同稻作组合类型的收入未见明显差异,那么扣除掉生产成本后,不同稻作组合模式下的净收益是否是影响农户水稻决策的因素呢？ 表 5.3 中,单季稻的每亩净收益高出同期的双季稻,这主要是由于早稻产量一般均低于单季中稻或者晚稻,加之长江流域稻作区内的早籼稻售价偏低,由此拉低了双季稻单位面积的收入和净收益水平。在农户种植结构中的 3 种主要大田作物(水稻、小麦和油菜)中,小麦每亩净收益相对最低,这主要是长江流域稻作内的小麦售价不高和产量波动所致。

---

① "稻+麦+油菜"按 1∶0.5∶0.5 进行统计。书中没有按照表 5.2 中各作物单位面积收入乘以种植面积得到农户的稻作组合类型下的总收入,主要是考虑到农户耕地面积差异较大,存在因耕地资源禀赋差异而导致统计数据不可比的问题。

表5.3　水稻与替代作物组合模式下的单位面积净收益比较

（单位：元/亩）

稻作组合模式		2004 年	2006 年	2008 年	2010 年
双季稻		417.80	351.50	404.15	464.48
稻＋麦	一季稻	580.99	561.91	615.78	632.44
	小麦	294.72	243.60	296.72	412.20
稻＋油菜	一季稻	543.81	454.21	493.68	545.01
	油菜	289.77	262.99	467.00	419.31
稻＋麦＋油菜	一季稻	574.40	496.64	529.89	626.12
	小麦	245.25	209.11	250.65	276.39
	油菜	363.96	380.28	488.78	401.83

注：净收益为收入减去物质资本投入、畜力和机械使用费之和，其中，物质资本投入包含种子秧苗费、农家肥折价、化肥费、农药费、农膜费、水电及灌溉费、小农具购置修理费和其他，未将雇工费计入成本。另外，双季稻的单位面积净收益统计是水稻播种面积的净收益，净收益统计为当年价格。

　　从扣除生产成本后不同稻作组合的每亩净收益来看，2004～2010 年间，"稻＋麦""稻＋油菜""稻＋麦＋油菜"的每亩净收益略高于双季稻，而且单季稻组合模式与双季稻每亩净收益差距也呈现出微弱的递增趋势。到 2010 年，双季稻比其他 3 种稻作组合的每亩净收益要低 35 至 115 元不等（图 5.2）。

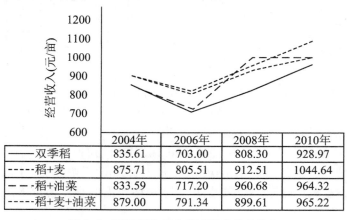

图 5.2　不同稻作组合模式的净收益收入

　　如果这种单季稻的作物组合模式与双季稻之间的净收益差额是农户稻田改制的主要原因，那么，在样本观测中应该有这样的一种反映，即农户选择"稻＋麦""稻＋油菜"或者"稻＋麦＋油菜"模式的比例应该是上升的[①]，也就是说，上述单季

---

　　①　还有一种被观测的现象也是不同单季稻的作物组合模式下农户的农作物种植面积扩大，然而，表5.2中的"稻＋麦""稻＋油菜"或者"稻＋麦＋油菜"模式下农户的农作物种植面积并未出现一致的增长趋势。

稻的作物组合模式相比于双季稻的亩均净收益优势,应该促使农户更多地选择"稻+麦""稻+油菜"或者"稻+麦+油菜"模式进行生产。然而,样本关于上述 3 种稻作组合模式的比例是持平或略微降低的(表 5.1),而且从农户多数选择的"稻+油菜"的一季稻和油菜户均种植面积来看,油菜的播种面积要低于水稻,说明选择"稻+油菜"模式的农户有一部分水田在冬春季并没有种植油菜而出现闲置的可能性,我们推测这是否与长江流域稻作区内油菜生产中机械化的程度低有关系。

从表 5.4 来看,相比水稻和小麦,油菜机械化使用程度偏低,到 2010 年,油菜生产上使用机械的农户比例不到 50%,而且结合油菜亩均投工量偏高和农户种植规模过小(表 5.1)的特点,机械装备可能仅被使用在耕种环节,例如,比较耗费劳动的油菜田间管理、收割、脱粒和晾晒环节,仍需要较大的家庭劳动投入。

表 5.4   稻作组合模式下的劳动投工、雇工和机械化使用的比较

指标	年份	双季稻	稻+麦		稻+油菜		稻+麦+油菜		
			一季稻	小麦	一季稻	油菜	一季稻	小麦	油菜
每亩投工 (日/亩)	2004 年	15.89	10.34	10.08	18.79	17.13	16.42	15.29	15.79
	2006 年	16.01	9.55	8.35	17.15	15.67	15.65	12.75	13.71
	2008 年	15.46	10.12	9.36	17.61	16.38	14.67	12.09	12.62
	2010 年	14.72	10.17	9.95	16.82	14.64	13.85	9.51	10.98
雇工户 比例(%)	2004 年	12.34	5.41	4.5	10.57	3.02	7.59	2.53	0
	2006 年	17.96	9.76	0.81	12.98	1.47	6.84	4.27	2.56
	2008 年	10.77	15.38	0.77	10.1	2.85	11.61	5.36	4.46
	2010 年	12.91	17.05	0	9.46	0.54	18.56	4.12	1.03
机械使用户 比例(%)	2004 年	72.53	91.89	89.19	60.73	23.26	72.15	54.43	15.19
	2006 年	87.22	97.56	96.75	74.93	24.19	78.63	61.54	22.22
	2008 年	94.72	98.46	98.46	79.27	26.42	85.71	66.07	32.14
	2010 年	94.53	100	96.9	85.68	31.08	91.75	83.51	46.39

注:机械使用户比例是指不同稻作组合中使用机械农户数与该组样本数之比;雇工户比例仅统计了发生雇工行为的农户数,但是具体的雇工数和雇工费未列入表格统计。

除"稻+麦"模式外,"稻+油菜"与"稻+麦+油菜"模式在每亩劳动投工量上未见明显优于双季稻劳动投工量,同时也发现,单季稻种植户的雇工比例接近并时常高于双季稻农户的雇工比例,这其中除去农机使用水平上具有的微小不足外,更可能是单季稻农户的劳动配置在其他更高经济收益的生产活动上,而面临水稻生产的用工约束则通过雇工的形式来加以平抑。

总的来看,单季稻的作物组合模式("稻+麦""稻+油菜"与"稻+麦+油菜")的每亩净收益略高于双季稻,但样本并未观测到上述稻作组合模式的比例发生了明显的增长趋势,究其原因,农户稻作制度选择的决策不仅受到水稻替代作物的相

对收益影响,还受到组合模式下的每亩投工量、替代作物的机械使用程度及雇工的综合影响。

上述分析是基于水稻替代作物(如油菜和小麦)的成本收益变化来探讨农户稻作制度选择的可能原因。然而也应注意到,在农户整个农业生产结构中,不仅仅是水稻替代作物,水稻同季农作物(如棉花、大豆、蔬菜等)的种植面积及收益变化也可能对农户的水稻生产决策产生影响。因此,本书从更加广泛意义上的种植结构为视角,来分析农户种植结构变化对稻作制度选择的影响。这里将水稻替代农作物扩展到农户整个种植业结构中,包括水稻的替代作物(如小麦和油菜),还包括了粮食作物、经济作物以及园地和水面养殖等,以期从更广泛的视角来分析农户稻作制度选择决策变化的产生原因。

5.2 实证模型构建与指标说明

实证模型主要分析了农户种植结构变化对稻作制度选择的影响程度,并且引入村庄农业生产活动的相关指标,以考察农户种植结构变化及村庄农业生产对稻作制度选择的影响程度。具体模型的形式如下:

$$y_{i,t} = \beta_0 + \beta_j \cdot \sum_{j=1}^{m} X_{i,j,t} + \beta_{m+1} \cdot \varphi_{i,t} + \beta_{m+2} \cdot \overline{\varphi}_{i,t} + t + D + \varepsilon_{i,t} \quad (5.1)$$

式(5.1)中,$y_{i,t}$ 表示第 i 个农户第 t 年的水稻复种指数,其中,$y_{i,t} \leqslant 1$ 与 $1 < y_{i,t} \leqslant 2$ 分别表示农户从事单季稻与双季稻生产。$X_j (j=1,2,\cdots,k)$ 表示农户家庭和农业生产经营决策者的禀赋特征的控制变量,为了保证控制变量设置的科学性,我们主要是基于经济理论与相关文献进行选取,具体变量包括三类:① 耕地块数[①]与不同地块之间的连接程度对农户生产决策的影响已被众多研究所证实(马志雄等,2012),研究者在理论层面上已经发现了农户的耕地特征是影响农业生产的重要的"外部环境"因素。② 为了克服农户异质性的影响,设置生产者的个体与家庭生产特征变量,主要包含生产者的年龄、文化程度与是否参加农业培训,及家庭中务农劳动力数、家庭总收入水平和是否有外出劳动力及外出人数。③ 为了克服时间和

---

① 分析框架中给出了地块连接程度对农户生产决策的影响机制,但对于实证分析中使用耕地块数作为地块连接程度的代理变量,主要是基于以下两方面考虑:第一,缺少详细的农户地块数据,这些数据包含农户每一地块上的农作物种植品种,和每一地块周边的农作物种植品种,以及农户不同地块周边的道路通达情况等;第二,缺少农户地块和相邻地块的时间序列数据,农户家庭地块存在变动的可能性,同时某一地块上种植农作物品种也存在着动态变化,上述地块的两种变化数据,能更直观地反映出农户的地块种植决策变化。然而,以上数据的采集难度是巨大的,尤其是更难获取多年的动态追踪数据。因此,本书选择耕地块数作为地块连接程度的代理变量,这种指标处理的可行性在于,一般农户耕地块数越多,其与相邻农户地块连接程度越高。

地区异质性对生产决策的冲击,设置年份(t)和省份(D)控制变量。

具体模型指标定义见表5.5。

表5.5 模型指标定义

	指标	定义
农户	年龄	家庭农业生产经营决策者的年龄(周岁)
	文化程度	家庭农业生产经营决策者的受教育程度(年)
	是否参加农技培训	0=否,1=是
	农业劳动力数	家庭中务农劳动力数(人)
	家庭是否有劳动力外出	0=否,1=是
	家庭总收入水平	当年家庭经营总收入(万元)
	耕地块数	当年家庭耕地数量(块)
	种植业净收益中水稻比重	水稻净收益/种植业净收益
	种植结构内部变化	$A_E/(A_G+A_E)$
	种植结构外部变化	$\sum_k A_k/A_E+A_G+\sum_k A_k,k=$ 林地、园地和水面养殖面积
村庄	村庄水稻复种指数	当年村庄水稻播种总面积/村水田面积
	村庄种植业结构内调	$A_E^V/(A_G^V+A_E^V)$
	村庄种植业结构外调	$\sum_k A_k^V/(A_G^V+A_E^V+\sum_k A_k^V)$

注:A_k 与 A_k^V 分别表示农户和村庄的林地、园地和水面养殖面积。

5.3 实证结果分析与讨论

5.3.1 实证结果分析

在模型实证估计前,首先,对式(5.1)中的变量进行相关性与共线性检验,检验结果发现所有解释变量之间并不存在高度的相关性与共线性。进一步使用豪斯曼(hausman)检验,结果表明本书所有的计量模型均应采用固定效应模型。同时,由于样本(特别是同村样本)之间可能存在一定的相关性或者相似性,采用聚类稳健标准差(clustering robust standard errors)的处理方式,以消除序列相关和异方差等问题的影响。

为了有效分析农户种植结构变化对水稻生产决策(复种指数)的影响,具体的实证模型如下:模型(1)与模型(2)分别考虑农户种植结构内部变化与种植结构向外变化对水稻决策的影响,进一步考虑农户生产资源会同时在水稻、种植结构内部与种植结构外部中产生的影响;模型(3)综合观测种植结构内部变化与种植结构向外变化对水稻决策的影响程度。

表5.6中的模型结果显示,农户种植结构内部变化对水稻生产决策的负向影响显著,而种植结构向外变化对水稻生产决策的影响程度为负,但不显著。与我们设想的结果不同的是,相关的农户和家庭农业生产经营决策者的禀赋特征并未对稻作制度选择产生显著的影响,仅家庭农业生产经营决策者的年龄和家庭总收入水平对水稻生产决策具有显著的影响。更为关键的是,水稻种植净收益是保持农户种稻积极性和影响生产决策的重要参考依据,模型(1)～(3)结果显示,种植业净收益中水稻比重对农户水稻生产决策具有显著的正向影响。

表 5.6 短面板模型估计结果

变量	模型(1)	模型(2)	模型(3)
年龄	-0.0112^{***}	-0.0101^{***}	-0.0113^{***}
文化程度	-0.0060	-0.0057	-0.0058
是否参加农技培训	-0.0343	-0.0318	-0.0336
农业劳动力数	0.0074	0.0052	0.0075^{*}
家庭是否有劳动力外出	0.0168	0.0213^{**}	0.0169
家庭总收入水平	0.0111^{***}	0.0112^{**}	0.0111^{***}
耕地块数	0.0001	-0.0003	-0.0001
种植业净收益中水稻比重	0.3638^{***}	0.4399^{***}	0.3616^{***}
种植结构内部变化	-0.1886^{***}	—	-0.1899^{***}
种植结构外部变化	—	-0.0206	-0.0311
F 值(Prob>F)	28.85(0.000)	27.35(0.000)	26.00(0.000)
R^2-between	0.0900	0.0904	0.0882

注:表格中省略了常数项、时间趋势项和地区变量;估计系数右上方 $*$、$**$ 和 $***$ 分别表示 10%、5%和1%的显著性水平。

5.3.2 内生性问题的讨论

在大多数已有的相关研究中,学者们都将农业生产行为变化与种植结构变化视作外生变量,很少考虑模型中两种生产行为的内生性问题。而实际上,一方面,农户出于自身有限资源(如劳动力、劳动时间与农业生产资料等)的最优配置,稻作制度选择的变化可能会导致农户调整种植生产结构,而种植结构的变化往往又会在一定程度上促使农户减少粮食作物（如水稻等）的种植面积。另一方面，农户稻作制度选择的行为变化也可能源于诸如大田生产决策外部性等某些不可观测的因素[①]。以上两种情况均可能导致模型存在内生性问题。前者是解释变量与被解释变量之间的双向交互影响导致的，后者是设定偏误（遗漏变量）导致的。

为了减少内生性问题对本书实证结果产生的冲击，并在参考现有处理内生性问题方法[②]的基础上，使用前定变量法来削弱模型中的内生性影响。选择这一方法的依据除了考虑到农户稻作制度选择与种植结构变化间的双向交互影响外，还考虑到农户稻作制度选择的决策行为与结构变化之间可能存在的滞后性影响[③]，即经济惯性使得个体的某种行为取决于过去行为。

在表 5.7 中，Arellano-Bond 检验表明可以使用差分 GMM 与系统 GMM 估计。此外，由于动态面板估计过程中使用了多个工具变量，因此需要对模型进行过度识别检验。差分 GMM 与系统 GMM 的 Sargan 检验结果均强烈拒绝原假设，这意味着某些新增的工具变量与扰动项相关，不是有效工具变量。为了改善工具变量的有效性，本书在模型估计中引入更高的被解释变量滞后期并进行了系统 GMM 估计，但遗憾的是，系统 GMM 估计的 Sargan 检验并未得到有效地改善。因此，本书认为实证模型更大的问题可能在于"遗漏重要解释变量"。

表 5.7　动态面板模型估计结果

变量	模型(4)：差分 GMM 估计	模型(5)：系统 GMM 估计
水稻复种指数(−1)	−0.0335	0.0496
年龄	−0.0037	−0.0025
文化程度	−0.0064	−0.0047
是否参加农技培训	−0.0314	−0.0079
农业劳动力数	0.0037	0.0036
家庭是否有劳动力外出	0.0226*	0.0270*

---

① 从村庄层面来说，水稻生产者作为村庄的一员，其行为变化决策受其他农户影响的同时，也会影响到其他农户决策，从而形成农业生产决策的"外部性"影响。

② 现有研究关于削弱内生性影响方法主要有：(1) 获取适合的根据变量进行 2SLS 回归。(2) 代理变量(proxy)法，对一些难以观测却可能对被解释变量产生影响的因素均采用对应的代理变量纳入模型，以尽量减少"遗漏变量"带来的内生性问题。(3) 前定变量，即引入滞后解释变量。(4) 面板数据法，在方程估计的同时控制年份和农户固定效应实现双差分，以实现消除部分的内生性问题(周黎安等，2005；陈云松等，2011)。

③ 本书不考虑农户稻作制度选择的决策行为与种植结构变化之间的因果关系，即"谁先影响谁"的问题。

续表

变量	模型(4):差分 GMM 估计	模型(5):系统 GMM 估计
家庭总收入水平	0.0071	0.0040
耕地块数	0.0001	0.0033
种植业净收益中水稻比重	0.3246***	0.3631***
种植结构内部变化	−0.2280	−0.1954
种植结构向外变化	0.1731***	0.1713***
Waldχ^2(N)(Prob>χ^2)	157.50(0.000)	137.76(0.000)
Arellano-Bond test AR(1)	−5.7078(0.000)	−8.0944(0.000)
Sargan test	8.504(0.0367)	65.028(0.000)

注:变量名称后(−1)表示滞后一期;表格中省略了常数项、时间趋势项和地区变量;Arellano-Bond 与 Sargan 检验的原假设分别是"扰动项{ε_{it}}无自相关"和"所以工具变量均有效";估计系数后括号内数值为标准误,右上方*、**和***分别表示10%、5%和1%的显著性水平。

然而,对比表 5.7 中的模型结果,我们能够发现:① 系统 GMM 与差分 GMM 系数估计值很接近,但前者的标准误比后者要小,说明系统 GMM 估计可能更有效率。② 农户水稻生产决策受到往期行为的影响[①],而且综合种植结构内部变化与向外变化的估计结果来看,农户水稻复种指数下降并非一个"孤立"的生产行为转变,而是更多地暗示出农户生产资源在水稻生产与种植业或种植业以外生产活动上的流动。

5.3.3 农户生产决策独立性检验

为了解决实证模型中的可能"遗漏重要解释变量"问题,本书认为模型中忽视了农户决策独立性的客观影响,这是因为农户稻作行为决策变化除去生产要素禀赋、经济收益以及相对替代性生产活动的影响外,在一定程度上囿于大田农作物生产特性所导致的(尤其是同村农户之间)决策趋同。因此,在模型中增加水稻复种指数与种植结构变化的村庄指标[②]作为工具变量(齐良书,2011),以期降低模型的

---

① 本书样本前后年份间隔 1 年,模型中的水稻复种指数滞后一期,实际上度量了第 $t-2$ 年对第 t 年的影响,这一样本特征导致了模型中水稻复种指数滞后一期变量的参数估计不显著。

② 需要指出的是,齐良书(2011)构建村庄指标时排除了样本中的农户,计算未进入农户样本的全村其他农户的相关指标,这一做法实际上是尽量保证作为工具变量的村庄指标与农户样本的严格外生性。但是,本书对于村庄指标构建无法满足这一严格外生性的假定,这是因为:第一,固定观察点村级层面数据未提供本书研究的直接观测指标,如水稻复种指数与结构调整程度等。第二,本书在非平衡面板数据的基础上提取了村庄层面最大农户数的平衡面板数据,并通过农户数加总得到村庄层面的指标,这种数值逼近一定程度上保证了某一指标在"整个村庄""抽样农户加总"以及"村庄除去抽样农户后剩下的农户加总"三者的统计指标在数值上收敛。

内生性问题。同时，引入村庄层面的相关指标，也将对农户决策独立性的研究假说进行检验。

表 5.8 给出了引入村级指标的模型估计结果，模型(6)～(8)使用聚类稳健标准差的固定效应面板模型，模型(9)是以村级指标为工具变量的动态面板模型，其中模型(6)与(7)是在模型(3)的基础上分别考虑村庄水稻复种指数与滞后 1 期对农户水稻生产决策的影响，模型(8)则是进一步估计村庄种植结构变化的影响程度。对比模型(9)与模型(4)、(5)的 Sargan 检验结果发现，模型(9)引入村庄水稻复种指数与村庄结构调整指标后，接受了"所有工具变量都有效"的原假设，说明修正后的模型(9)可以进行系统 GMM 估计，也表明模型(9)的参数估计降低了内生性偏误，提高了估计效率。实证结果分析如下：

1. 农户种植结构内部变化对稻作制度选择具有显著的负向影响

根据模型(9)的结果所示，在其他条件不变的情况下，农户种植结构内部变化 1%，将导致农户水稻复种指数显著变动 -0.1883%，这一结论验证了假说 2。引入村级指标后，我们发现，村庄种植结构内部变化对农户稻作制度选择具有显著的正向影响(见模型(9))。上述种植业结构内部变化对农户稻作制度选择产生相反的影响关系，主要的原因可能是：对农户来说，水稻作为家庭种植业结构的重要构成部分之一，与其他农作物种植具有直接关联性，耕地、作物生长季节和生产要素之间配置的竞争性，使得两者间往往呈现出"此涨而彼消"的关系；对村庄来说，被观测到的村庄种植结构变化，实际上是村镇内众多农户在生产过程中共同形成的一种结果。

农户和村庄种植结构向外变化对农户稻作制度选择具有正向影响，但不显著。这主要有两点原因：一是文中界定的种植业外部结构为林地、园地和水面养殖业，其与水稻生产之间的竞争关系不强，合理地搭配家庭劳动力的劳动时间，往往能够兼顾到水稻和上述生产活动；二是种植结构向外变化的难度和经济风险一般高于种植结构内部变化，这往往需要农户具备必要的生产技术、资金或者信息支持，使得种植结构向外部变化对农户的影响程度(被模仿、学习或借鉴)要低于种植结构内部变化。

2. 种植业净收益中水稻比重对农户稻作制度选择具有显著的正向影响

根据模型(9)的结果显示，在其他条件不变的情况下，种植业净收益中水稻比重上升 1%，将导致农户水稻复种指数显著提高 0.2170%。这一结果表明，在农户家庭种植业结构中，水稻净收益对稻作制度选择决策具有重要的影响，种植净收益中水稻比重的相对稳定，会降低农户家庭变动或者调整水稻生产决策的可能性。这种显著的正向影响关系也暗示出，农户稻作制度选择变化，在某种程度上还是依赖于种植业结构中农作物净收益的相对变化,或者说,农户种植结构中非稻作物净收益的增长将对稻作制度选择产生负面影响,也可能会显著地诱发水稻复种指数下降或者稻田改制倾向(表 5.8)。

表 5.8　引入村级指标的面板模型估计结果

变量	固定效应面板模型(聚类稳健)			系统 GMM 估计
	模型(6)	模型(7)	模型(8)	模型(9)
水稻复种指数(−1)	—	—	—	−0.0083
年龄	−0.0009	−0.0022	−0.0018	−0.0004
文化程度	−0.0034	−0.0093*	−0.0115**	−0.0011
是否参加农技培训	−0.0839***	−0.0515	−0.0598*	−0.0546
农业劳动力数	0.0013	0.0042	0.0050	0.0038
家庭是否有劳动力外出	0.0189*	0.0213*	0.0163	0.0251**
家庭总收入水平	0.0078	0.0102*	0.0095*	0.0055
耕地块数	−0.0028	0.0014	0.0010	−0.0020
种植业净收益水稻比重	0.2083***	0.3473***	0.3696***	0.2170***
种植结构内部变化	−0.0660**	−0.1818***	−0.0274	−0.1883***
种植结构向外变化	−0.0249	0.1515***	0.0342	0.0449
村庄水稻复种指数	0.9910***	—	—	1.0156***
村庄水稻复种指数(−1)	—	0.0977**	0.0985**	—
村庄种植结构内部变化	—	—	−0.4132***	0.2528***
村庄种植结构向外变化	—	—	0.4211***	0.0149
F 值(Prob>F)	97.93(0.000)	16.15(0.000)	16.81(0.000)	
R^2-between	0.7818	0.3338	0.2612	
Waldχ^2(N)(Prob>χ^2)	—	—	—	781.25(0.000)
Arellano-Bond test AR(1)	—	—	—	−9.0006(0.000)
Sargan test	—	—	—	19.24(0.1559)

注:变量名称后(−1)表示滞后一期;表格中省略了常数项、时间趋势项和地区变量;估计系数后括号内数值为标准误,右上方 * 、* * 和 * * * 分别表示 10%、5% 和 1% 的显著性水平。

3. 村庄水稻复种指数对农户稻作制度选择具有显著的正向影响

根据模型(9)的结果显示,在其他条件不变的情况下,村庄水稻复种指数上升 1%,将导致农户水稻复种指数变动 1.0156%,由此验证假说 3 成立。这一结果表明村庄水稻生产的"外部性"已显著地影响到农户的生产决策,从而使得长江流域水稻主产区农户的稻作制度选择经常出现整村演变的情况。

4. 农户家庭耕地块数对稻作制度选择的影响不显著

假说 1 尚未被验证。产生这一结论的原因可能在于耕地细碎化程度虽然增加了农户自有地块上的种植决策参考周边地块的可能性,但在某种程度上也增加了农户合理调配种植作物品种的自主性,这样两种相异的作用力导致了模型估计结果的不显著。然而也要注意到,在农地流转加速的现状下,尤其是在分散的小农户向大农户转变的过程中,连片地块上的稻作制度选择变化趋势,值得加以关注。

上述研究结论表明,农户稻作制度选择决策并非是完全独立的,它不仅受到水稻种植净收益水平和相关联的家庭农业生产活动(如种植结构变化等)的影响,还受到村庄农业生产活动"外部性"的影响。更为关键的是,农户种植结构内部变化对稻作制度选择具有显著的负向影响机理在于种植结构中水稻与非稻作物净收益的相对变化,农户种植结构中非稻作物的净收益增长,可能会显著地诱发农户水稻复种指数下降或者稻田改制倾向的发生[1]。

从整章的分析来看,基于样本观测不同稻作组合模式下的成本收益发现,虽然单季稻的作物组合模式("稻+麦""稻+油菜"与"稻+麦+油菜")的每亩净收益略高于双季稻,但是受限于替代作物的耗费劳动用工和机械化程度偏低等因素制约,农户选择上述单季稻的作物组合模式比例未发生明显增长趋势。实证研究发现,农户种植结构内部变化对稻作制度选择具有显著的负向影响,这一影响关系的背后,实际上取决于农户种植结构中水稻与非稻作物净收益的相对变化。

---

[1] 需要指出的是,这一结论并未揭示出农户种植结构中具体是何种农作物或组合形式是诱发稻作制度选择变化的原因。但从本章的统计分析和实证研究结果来看,影响农户稻作制度选择变化的农作物应当具备以下两个特征:一是扣除生产成本和劳动力成本后,其单位面积净收益要明显高出水稻;二是尽可能地减少与稻争地、争工的现象。在农业生产实践中满足上述两点特征的案例,如种植业结构调整过程中推广的"一村一品"工程,例如,湖南省利用毗邻珠三角的区位和交通优势,推广蔬菜农产品(如黄瓜、丝瓜、白菜和南瓜等)的种植。然而,由于这类农作物往往具有较强的地域特色,未被统计进观察点数据库和一般全国性的统计资料中。

第6章 农户收入视角下非农就业对
稻作制度选择的影响分析

非农就业活动是农户家庭收入来源的重要途径之一。由于劳动时间在水稻生产和非农就业活动上的配置具有竞争性,农户会在水稻生产与非农就业活动的劳动时间上进行最优化配置,以期获取最大化收益。随着水稻生产上农机服务使用程度地不断加深,降低了农户的劳动约束,为其从事更多非农就业活动创造了外在条件。本章主要分析非农就业对稻作制度选择的影响,考虑到农机服务在农户劳动资源配置决策中具有重要作用,回答非农就业对稻作制度选择的影响程度,以及农机服务能否使农户兼顾稻作制度选择和非农就业活动。

6.1 农户家庭非农收入的变化统计

2004~2010 年,单双季水稻种植户的家庭全年总收入和外出从业工资性收入均呈现快速增长趋势,其中除 2008~2010 年以外,农户家庭总收入中,外出从业工资性收入比重均保持逐年上升(图 6.1)。

单双季水稻种植户之间,单季稻种植户的家庭总收入中外出从业工资性收入比重略微高出同期双季稻种植户。从单季稻种植户与双季稻种植户的收入差额来看,两者的总收入差额幅度大于外出从业工资性收入差额,单双季水稻种植户的家庭总收入差额由 2004 年的 -10.02 元扩大到 2010 年的 2014.04 元,而同期外出从业工资性收入差额由 2004 年的 483.20 元扩大到 2010 年的 1613.59 元,这种收入差额变化的背后,可能是由于水稻生产上劳动力约束降低,增加了双季稻种植户从事非农就业的劳动机会。

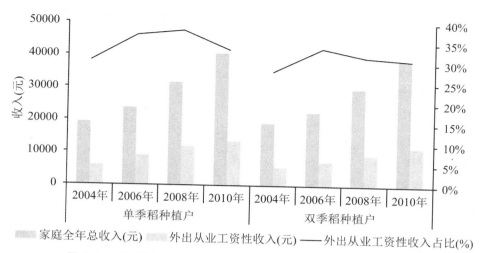

图 6.1 单双季水稻种植户家庭总收入和外出从业工资性收入变化

6.2 农户家庭中农业生产经营决策者的
非农就业情况统计

考虑到农户家庭成员构成中农业生产经营决策者的特殊性,其不仅是农户水稻的生产者和决策者,其非农就业收入也是家庭收入的重要构成之一,其劳动配置在农业和非农就业中的收入差异对农户水稻生产决策具有直接关系。

农业生产经营决策者的非农就业现象广泛存在,到 2010 年,非农就业比例已达到 11.13%,较 2004 年上升了 3.22 个百分点。在具体的职业分布中,"从事非农家庭经营"和"受雇劳动者"分布最多,到 2010 年,两者合计占到非农就业的八成左右。

在表 6.1 中,双季稻种植户的农业生产经营决策者职业仅农业家庭经营的比例高出同期单季稻,高出幅度为 3~5 个百分点。这也就是说,双季稻种植户的农业生产经营决策者从事非农就业活动的比例要低于单季稻种植农户,从而在一定程度上反映出,双季稻生产可能更容易在劳动时间或劳动强度上"挤占"或者降低劳动者从事非农就业活动的可能性。

表 6.1　2004～2010 年农户家庭水稻生产经营决策者的职业分布

指标	单季稻				双季稻			
	2004 年	2006 年	2008 年	2010 年	2004 年	2006 年	2008 年	2010 年
家庭经营农业劳动者(人)	576	675	709	695	576	522	469	415
家庭经营农业劳动者(%)	89.44	94.54	93.54	87.75	94.89	96.67	95.33	90.81
家庭经营非农劳动者(%)	25.00	25.64	22.45	16.49	38.71	16.67	8.70	26.19
受雇劳动者(%)	35.29	38.46	51.02	63.92	25.81	38.89	69.57	59.52
个体、合伙工商劳动(%)	11.76	12.82	12.24	2.06	6.45	22.22	8.70	2.38
私营企业经营者(%)	0.00	2.56	0.00	3.09	3.23	5.56	0.00	0.00
乡村及国家干部(%)	11.76	2.56	6.12	8.25	19.35	5.56	4.35	9.52
教科文卫工作者(%)	2.94	0.00	0.00	2.06	0.00	0.00	4.35	0.00
其他(%)	13.24	17.95	8.16	4.12	6.45	11.11	4.35	2.38

　　注:家庭经营农业劳动者(%)指家庭经营农业劳动者人数与当年所在组样本数的比例;各非农职业分布的比例为各分农职业与当年所在组非农职业总数的比重;样本有小部分农业生产经营决策者的职业信息统计缺失,缺失数为 20 个。

　　2004 年,农业生产经营决策者的非农就业所属行业的排名前 3 位分别是水面养殖业、工业和商贸、饮食或服务业,比例依次达 32.45%、19.87% 和 14.57%,而到 2010 年,上述行业排名发生较大变化,农业生产经营决策者的非农就业所属行业的排名前 3 位转变为建筑业、工业和水面养殖业,比例依次变为 29.21%、24.16% 和 20.22%,这一变化的原因可能是由于经济社会的发展所带动的农村产业的发展与升级,农户兼业类型由农业内部的种养结合经营逐渐向农业以外的产业拓展(郭剑雄等,2010)。

　　在表 6.2 中,双季稻种植户的农业生产经营决策者的职业多分布于水面养殖业和建筑业,而单季稻种植户的农业生产经营决策者的职业主要分布于工业、建筑业和商贸、饮食或服务业。值得关注的是,2004～2010 年,水稻种植户的农业生产经营决策者的行业分布于工业的比例正稳步地提高,尤其是双季稻种植户,在工业中从事非农就业的比例从 2004 年的 9.38% 增长到 2010 年的 20%,这可能得益于乡镇企业或城镇近郊的企业快速增长,也可能得益于农机服务在一定程度上将劳动者从水稻生产中逐步替代出来。

　　进一步从家庭农业生产经营决策者的劳动时间分布来看,2004～2010 年,从事单季稻与双季稻的农业生产经营决策者在本乡镇内从事农业的劳动时间均呈现不断下降的趋势,其中,双季稻生产经营决策者的农业劳动时间降幅更加明显。与之对应的是,双季稻生产经营决策者的非农劳动时间出现较大增长,相比 2004 年,2010 年双季稻生产经营决策者的非农劳动时间增幅达到 25.98%。这种显著变化的背后是农业生产技术革新(如农机服务发展或新生产技术采纳等)所带来农业劳动时间的减少或节约,这为农户从事非农就业活动创造了更多的时间容量。

表 6.2   2004～2010 年农户家庭水稻生产经营决策者的行业分布

指标	单季稻				双季稻			
	2004 年	2006 年	2008 年	2010 年	2004 年	2006 年	2008 年	2010 年
农林牧渔(人)	572	664	699	689	573	517	464	414
农林牧渔(%)	88.96	93.79	92.58	87.33	94.87	95.92	94.50	90.79
其中:水面养殖(%)	18.39	27.87	25.33	15.25	51.56	56.86	44.90	30.00
工业(%)	27.59	26.23	24.00	26.27	9.38	11.76	16.33	20.00
建筑业(%)	10.34	9.84	13.33	27.97	14.06	13.73	20.41	31.67
交通运输业(%)	4.60	4.92	6.67	5.08	0.00	0.00	2.04	0.00
商贸、饮食或服务业(%)	18.39	14.75	14.67	10.17	9.38	7.84	4.08	11.67
其他行业(%)	20.69	16.39	16.00	15.25	15.63	9.80	12.24	6.67

注:农林牧渔(%)是指农林牧渔劳动者人数与当年所在组样本数的比例,其中,农林牧渔未扣除水面养殖人数;表中各非农行业的比例为各分项与非农行业加总人数的比值;原始报表中行业统计不包含水面养殖,由于农村固定观测点数据中记录了农户的水面养殖面积,根据这一指标将水面养殖业单独列出;2009 年最新修订的指标体系较 2003～2008 年指标体系更加细化,本研究通过将 2010 年的行业指标合并,使其与 2003～2008 年指标体系一致,具体处理如下:将采矿业、制造业、电力、燃气及水的生产和供应业合并为工业,将批发和零售业、住宿和餐饮业、租赁和商务服务业、居民服务和其他服务业合并为商贸、饮食或服务业。

也需注意到,2004～2010 年,双季稻生产经营决策者的农业劳动时间投入明显高出单季稻,这一方面表明双季稻生产仍需付出较多的劳动时间用于水稻生产及田间管理活动;另一方面也暗示出双季稻生产的劳动投入约束,可能在一定程度上限制了生产经营决策者向非农就业活动转移,而更多地选择从事农业生产活动。另外,双季稻与单季稻生产经营决策者之间的农业劳动时间的差距缩小,推测可能是由于"省工节时"的农机服务被广泛地使用到水稻生产上(图 6.2)。

通过上述统计描述可以看到,农机服务的发展不仅降低了水稻生产经营决策者的农业劳动时间,还对增加或拓展其非农就业活动起到了促进作用。

2004～2010 年间,长江流域湘、鄂、赣、皖四省水稻生产上的农机服务得到了快速发展,农机服务程度由 2004 年的 0.4517 上升到 2010 年的 0.6887。水稻生产上农机装备的大量使用,致使畜力呈现较快的退出趋势。据观测样本显示,2004 年,水稻生产上使用畜力的农户有 618 户,所占比例达 49.20%,而到

2010年,畜力使用户数和比例[①]分别下降到326户和25.96%。同时,农户采用农机服务的数量与比例呈现迅速增长的势头,相比于2004年,2010年使用农机服务的户数及比例分别达到了1153户和91.80%,比2004年增加了278户和22.13个百分点(表6.3)。

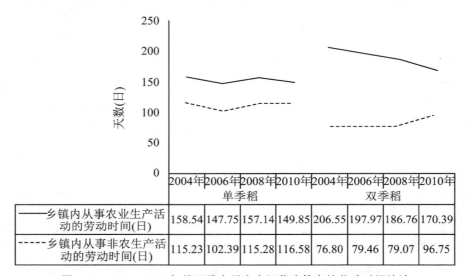

| | 2004年 | 2006年 | 2008年 | 2010年 | 2004年 | 2006年 | 2008年 | 2010年 |
	单季稻				双季稻			
——乡镇内从事农业生产活动的劳动时间(日)	158.54	147.75	157.14	149.85	206.55	197.97	186.76	170.39
-----乡镇内从事非农生产活动的劳动时间(日)	115.23	102.39	115.28	116.58	76.80	79.46	79.07	96.75

图6.2 2004~2010年单双季水稻生产经营决策者的劳动时间统计

表6.3 农机服务程度的统计

指标		2004年	2006年	2008年	2010年
总样本		0.4517	0.5784	0.6095	0.6887
省际	湖南省	0.2393	0.2847	0.4594	0.5003
	湖北省	0.3726	0.5286	0.6232	0.7450
	江西省	0.4768	0.7544	0.6952	0.8196
	安徽省	0.5576	0.6213	0.6101	0.6550
选择模式	单季稻	0.4248	0.5248	0.5903	0.6539
	双季稻	0.4804	0.6494	0.6393	0.7495

从农机服务测度的省际差异来看,2004年,赣、皖两省的农机服务程度相对高于湘、鄂。随着农机政策扶持力度的不断加大和农机服务市场的不断发展,到

---

① 到2010年,仍约有1/4的水稻种植户使用了畜力,但这并不表示该部分农户仅使用畜力,而且样本观测还发现,农机和畜力共同使用的类型占多数,仅使用畜力可能是针对一些地块狭小或者位置偏远,以及不宜农业机械化操作的耕地。

2010 年,除湖南省外,鄂、赣、皖三省水稻生产上农机服务程度基本超过七成。相比于湘、鄂、皖,江西省水稻生产上的农机服务程度增速较快,这可能主要是由于江西省的双季稻种植比例较高,尤其在水稻"双抢"环节农村劳动力转移与雇工费用上涨等背景下,致使水稻种植户的农机服务需求上涨,从而诱发了省域内农机市场与服务的快速发展。从农户稻作制度选择模式来看,双季稻生产上的农机服务程度明显高出单季稻,这反映出在当前双季稻的生产环节上,可能更加依赖于农机服务,以更好地发挥出农机服务对双季稻生产上的劳动替代效应,规避双季稻生产上的劳动力不足或老龄化等用工短板。

综合来看,由于农业生产技术进步,尤其是长江流域稻作区内水稻生产上农机服务的广泛使用,降低了水稻生产上的劳动时间约束,进而为农户家庭和农业生产经营决策者的非农就业创造了劳动机会和条件。

因此,下面将从实证角度来分析农户家庭非农收入和家庭农业生产经营决策者的非农就业对稻作制度选择的影响,同时要考虑到农机服务在农户家庭劳动力的劳动配置决策中具有的重要作用,构建联立方程组模型,揭示农户家庭非农就业、农机服务和稻作制度选择三者之间的作用机制和影响。

6.3 实证模型的选择与变量说明

从第 3 章理论分析和上一节的统计描述可知,非农就业、稻作制度选择和农机服务之间具有较强的双向因果关系。对于实证计量来说,若直接使用单一方程来刻画上述三者之间的相互因果关系,往往会导致模型参数的估计失效。水稻生产者兼业活动、农机服务与稻作制度选择之间存在。本章实证通过构建包括非农就业(农户家庭非农收入和农业生产经营决策者非农就业程度)、稻作制度选择和农机服务的联立方程组模型,依据模型数据选取相对应的估计方法,分析上述三者之间的内在反馈机制与影响程度。联立方程组的模型通式如下:

$$\begin{cases} y_{1t} = \alpha_1 + \beta_1 y_{2t} + \beta_2 y_{3t} + \beta X_{1t} + dist + t + \varepsilon_{1t} \\ y_{2t} = \alpha_2 + \gamma_1 y_{3t} + \gamma X_{2t} + dist + t + \varepsilon_{2t} \\ y_{3t} = \alpha_3 + \delta_1 y_{2t} + \delta X_{3t} + dist + t + \varepsilon_{3t} \end{cases} \quad (6.1)$$

式(6.1)中,y_1、y_2 和 y_3 分别表示农户稻作制度选择、农机服务程度和非农就业[①];X_1、X_2 和 X_3 分别表示相关影响因素矩阵;下标 t 表示时间,且 $t=1,2,3,4$ 分别对应 2004 年、2006 年、2008 年和 2010 年;式中设置了地区 $dist$ 和时间 t 的虚拟

---

① 需要指出,农村固定观察点数据中未记录农户家庭中每一个劳动力的农业及非农收入,因此无法获取到家庭农业生产经营决策者的非农收入。

变量,以度量可能存在的地区效应和时间效应,而将不可度量的面板随机效应全部纳入随机扰动项中。一系列 β、γ 和 δ 分别表示估计参数,ε_{1t}、ε_{2t} 和 ε_{3t} 分别表示随机扰动项,并假设其服从独立正态分布。

式(6.1)中,$X_{jt}(j=1,2,3)$ 表示一系列控制变量,主要是参考农业经济理论和已有文献,具体说明如下:① 农户和家庭农业生产经营决策者的异质性特征,设置家庭农业劳动力数、水稻收入占家庭总收入的比重和职业度,以及家庭农业生产经营决策者的年龄和文化程度(林坚等,2013;周宏等,2014)。② 自然地理与经济特征,设置农户所在村庄的地形特征、与县城距离和村庄所在县经济发展水平的控制变量(周晶等,2013)。③ 农业技术因素,主要通过家庭农业生产经营决策者是否参加村庄的农业技术培训来表示(廖西元等,2006)。式(6.1)中的被解释变量和控制变量的具体指标构建与定义如表 6.4 所示。

表 6.4　模型变量定义及赋值

变量名称	定义
水稻复种指数(y_1)	—
农机服务程度(y_2)	—
非农就业(y_3)	农户家庭全年外出就业收入(万元)
	农业生产经营决策者是否有非农就业活动,是=1,否=0
年龄	农业生产经营决策者的年龄(周岁)
受教育程度	农业生产经营决策者的受教育程度(年)
是否参与农技培训	是=1,否=0
水稻收入占比	水稻收入在家庭经营总收入中的比例
农业劳动力数量	家庭中用于农业生产上的劳动力数量
地形特征	丘陵=1,山区=2,平原=0
距县城距离	村庄距离县城(市、区)最短公路行车距离
县域经济水平	村庄所属县(市、区)的人均 GDP

6.4　联立方程组模型的估计方法选择

在进行联立方程模型估计前,变量间的相关系数矩阵显示式(6.1)中未出现明显的多种共线性,模型中指标设置相对合理。在模型变量确定后,还需对模型的总体参数进行"可识别"检验。可识别是进行参数估计的前提条件。由于本书的联立方程模型中需要估计方程中的外生变量(X_i)的个数远大于内生变量(y_1、y_2 与 y_3)

的个数,因此使用阶条件或秩条件判定,每个方程都属于过渡识别。

联立方程模型估计方法主要有单方方程估计法和系统估计法,两者常用的方法是二阶段最小二乘法(2SLS)和三阶段最小二乘法(3SLS)。如果联立方程模型中假定为外生的变量与结构方程中的扰动项不相关,则使用系统估计法能够增加估计效率;反之,若两者相关,则使用系统估计法将使得估计结果有偏,此时适宜使用单方方程估计法。在现有文献中,常通过豪斯曼(Hausman)检验[1]来确定使用何种估计方法。

本章豪斯曼检验结果(表 6.5)显示联立方程模型不能完全拒绝外生变量和结构干扰无关的假设,故应使用系统估计法。

表 6.5　豪斯曼检验结果

内生变量	残差纳入的方程	估计值	标准误	t 值	伴随概率
农机服务程度	水稻复种指数	1.0905	0.0798	13.67	0.0000
家庭非农收入	水稻复种指数	-0.3733	0.0583	-6.4	0.0000
家庭非农收入	农机服务程度	-0.1034	0.0117	-8.81	0.0000
农机服务程度	家庭非农收入	-4.2553	0.2671	-15.93	0.0000
农机服务程度	水稻复种指数	1.0550	0.0788	13.4	0.0000
非农就业程度	水稻复种指数	-2.1860	0.3189	-6.85	0.0000
非农就业程度	农机服务程度	0.5581	0.1190	4.69	0.0000
农机服务程度	非农就业程度	0.3422	0.0847	4.04	0.0000

6.5　联立方程组模型的估计结果分析

本书的模型(1)是基于总样本的实证估计,模型(2)是 2010 年的样本估计,这主要是考虑到 2010 年与样本书初期在农户家庭非农收入、农机服务程度和稻作制度选择上可能发生了较大变化,模型(1)和模型(2)的对比分析以检验参数估计是否有显著差异。本书对联立方程模型选用系统估计法中最常用的 3SLS 法(表 6.6),具体结果分析如下:

---

①　豪斯曼检验方法是将方程 y_i 的回归残差($resid_i$)放入方程 y_j($j \neq i$)中,考察方程 y_j 中 $resid_i$ 系数是否拒绝单参数 t 检验的零假设(H_0:无联立性,则 $resid_i$ 系数估计值=0)。如果豪斯曼检验的估计值的伴随概率大于 0.05,则说明不能拒绝联立方程模型中外生变量和结构干扰无关的假设,故应使用系统估计法。

1. 农户家庭非农收入对稻作制度选择具有显著正向影响

有迹象表明,随着农户家庭非农收入的提高,上述正向的影响程度将趋于减弱,因此假说(4)未得到完全验证。

表 6.6　联立方程组模型的 3SLS 模型估计结果

变量	模型(1):2004~2010 年			模型(2):2010 年		
	水稻复种指数	农机服务程度	家庭非农收入	水稻复种指数	农机服务程度	家庭非农收入
农机服务程度	−2.1315***	—	0.2507	−2.0027***	—	2.9178***
家庭非农收入	1.0863***	−0.1919***	—	0.5094***	−0.1818***	—
年龄	−0.0036**	0.0025***	0.0070***	−0.0002	0.0003	0.0052
受教育程度	0.0219***	—	−0.0129***	0.0389***	—	−0.0579***
是否农技培训	−0.0388	—	0.0431	−0.0463	—	−0.0431
水稻收入占比	4.2876***	—	−2.4062***	3.1307***	—	−3.9191***
农业劳动力数量	−0.0206	0.0066	—	−0.0371	0.0962***	—
地形特征	—	−0.0848***	—	—	−0.1053***	—
距县城距离	—	−0.0070***	−0.0104***	—	−0.0067***	−0.0093*
县域经济水平	0.1496***	0.1453***	0.0741	0.2139***	0.0495***	−0.2749***

注:表中未列出常数项的估计值;估计值右上方 ***、** 和 * 表示分别通过 1%、5% 和 10% 的显著性检验。

模型(1)的结果显示,2004~2010 年间,在其他条件不变的情况下,农户家庭非农收入提高 1 个百分点,能够提高水稻复种指数 1.0863 个百分点,这主要是由于在农户单双季水稻的种植决策中,往往会综合考虑到家庭收入增长预期,家庭收入结构中非农收入比重逐渐加大,会对其稳定水稻或农业生产起到积极作用。同时,农户家庭非农收入对稻作制度选择具有的显著正向影响,也从一个侧面反映出稳定农户水稻复种指数或鼓励双季稻种植,需要农户家庭收入增长作为后盾。保障农户收入增长,可能会在一定程度减少农户因增收乏力而变革生产、转变资源配置方式等手段来增加经济收益的动机。或者说,稳定当前双季稻的种植面积,需要在一定程度上避免农户"穷则思变"动机的产生。

2. 农机服务程度对农户非农收入具有正向影响,而对稻作制度选择的影响显著为负

这一结论验证了假说(5),但假说(6)未得到验证。农机服务发展主要贡献在农户非农收入上,而对稻作制度选择的影响为负,可能的原因有两方面:一是农机

装备在水稻生产中的广泛使用有效地替代了生产上的劳动投入,将农户家庭劳动力从原本繁杂的水稻生产中逐步替代或释放出来,增加了农户家庭劳动力从事非农生产活动的机会;二是 2004～2010 年正值农机购置补贴推行农业机械化的阶段,农机服务正经历着"从无到有"的快速发展过程,这一时期从农机装备类型来看,主要是拖拉机牵引(播种机、起垄机、开沟机、铧式犁、旋耕机、圆盘耙等)与收割机,机械作业面涵盖了水稻耕地、整田和收割环节,农机服务程度尚未延伸到水稻生产的全过程①。这一时期农机服务发展的不全面,导致一部分水稻尤其是双季稻生产环节(如栽插和田间管理活动)仍然需要投入较多的劳动,使得农户家庭劳动力的劳动时间仍被束缚在整个水稻生产周期内。农户家庭基于增收目标的考虑,往往存在着通过稻田改制的方式来降低水稻生产的劳动约束而寻求非农生产活动以增长收入的动机。

6.6　实证模型的稳健性检验

在农户家庭成员的构成中,家庭农业生产经营决策者对水稻生产决策具有直接关系,而且其非农就业程度和收入也是构成家庭非农收入的重要部分之一。为了检验上述结论的稳健性,在式(6.1)的基础上,引入家庭农业生产经营决策者的非农就业程度②,以分析农户家庭农业生产经营决策者的非农就业程度对稻作制度选择的影响。

模型(3)的计量结果与模型(1)类似,但模型(3)中农业生产经营决策者的非农就业程度对水稻复种指数的影响为正,但不显著,这在一定程度上说明农业生产经营决策者的非农就业与稻作制度选择之间具有互补性。产生这一结论的原因可能在于,农业生产经营决策者多数在本乡镇内或邻近地区从事非农就业活动,存在充分利用自身劳动资源的可能性。由于农户家庭农业生产经营决策者的非农就业活动,多数是基于自身禀赋条件和生产实践的一种综合决策,合理利用农业生产季节性、农忙与非农忙时期以及早晚③与正常工作时间之间的差异,在务农时间与非农就业的劳动时间上进行错峰配置,使得非农就业行为与水稻生产之间形成一定程

---

① 中国农机装备的生产及应用,遵循着渐进式的发展过程,初期农业机械主要体现在动力集成上,随着国家农机购置补贴的持续推行和农户农机需求的增长,农机装备正往农业功能化和便捷化发展,如到 2015 年,水稻生产上高效插秧机、秸秆粉碎的大中型旋耕机、联合收割机、机动喷雾等新式高效的农机才逐渐被投入到生产中。

② 缺少收入细分数据,无法具体分析农户家庭农业生产经营决策者的非农就业收入对稻作制度选择的影响。

③ 长江流域稻作区位于北半球中纬度地区,夏季白昼时间长,日出时间早和日落时间晚,使得农户可以利用上述白昼时间段内的非工作时间进行农业生产或管理。

度的互补。

然而,模型(4)的结果也显示随着农业生产经营决策者的非农就业程度的提高,其对水稻复种指数的正向影响趋于减弱。这主要是由于2010年农业生产经营决策者的非农就业程度较高,尤其是非农就业类型从传统的种养业向工业、服务业的转变,使得农业生产经营决策者以往多数选择农闲时间"打零工"或"做小工"这种调配劳动时间相对自由的兼业活动逐渐"被规范"起来(表6.7)。

表6.7 联立方程的稳健性检验结果

变量	模型(3):2004~2010年			模型(4):2010年		
	水稻复种指数	农机服务程度	非农就业程度	水稻复种指数	农机服务程度	非农就业程度
农机服务程度	−3.7410**	—	0.1868**	−1.2623**	—	0.0158
非农就业程度	9.6330	−1.6734***		3.4676	−0.8869***	
年龄	0.0326*	−0.0042***	−0.0030***	0.0251	−0.0071***	−0.0070***
受教育程度	−0.0109		0.0016	−0.0066		0.0028
是否参与农技培训	0.1781	—	−0.0091	−0.0167	—	−0.0106
水稻收入占比	4.8307**	—	−0.3230***	3.0677***	—	−0.4473***
农业劳动力数量	0.6081	−0.0904***	−0.0615***	0.2385*	−0.0076	−0.0515***
地形特征	—	−0.1061***			−0.0944***	
距县城距离	—	−0.0084***	−0.0012**		−0.0055***	−0.0021*
县域经济水平	0.0776	0.1918***	0.0166	0.0081	0.0930***	0.0321

注:表中未列出常数项的估计值;估计值右上方***、**和*表示分别通过1%、5%和10%的显著性检验。

模型(3)中农机服务程度对农业生产经营决策者的非农就业具有显著的正向影响,但到2010年,模型(4)中这一估计系数转变为正向但不显著,这一结果可能暗示出农机服务对水稻生产上劳动投入的替代程度越发有限。

在充分考虑到农机服务对稻作制度选择与农户非农就业之间所具有的较强相互因果关系的基础上,选择联立方程组模型以规避直接回归估计可能会产生的偏误。结合模型(1)至(4)的结果来看,农户家庭非农收入对稻作制度选择具有显著的正向影响,这表明家庭非农收入增长是稳定农户稻作制度选择的强有力保障。由于可在务农与非农就业的劳动时间上进行错峰配置,使得农业生产经营决策者的非农就业程度未对稻作制度选择产生显著的负面影响,只是随着农业生产经营决策者的非农就业程度的提高,其对水稻复种指数的正向影响趋于减弱。另外,农机服务程度对农户非农收入和农业生产经营决策者的非农就业均具有正向影响,这主要是由于农机服务发展将农户家庭劳动力从水稻生产中逐步替代或释放出来,增加了劳动力从事非农生产活动的机会。然而,农机服务程度对农户稻作制度选择的影响显著为负也表明,农机服务发展不能完全兼顾农户稻作制度选择与非农收入的双重目标,或者说,农机服务发展尚不能使农户及农业生产经营决策者在提高非农收入的同时,还做出偏向于双季稻种植的决策。

第7章 农户收入视角下农机服务对稻作制度选择的影响分析

本章主要分析农机服务对农户稻作制度选择的影响程度,但在分析这个问题之前,首先检验农机服务影响农户稻作制度选择决策的两个重要作用途径——要素替代与收入效应是否存在;然后通过面板模型,分析农机服务对农户稻作制度选择的影响程度,以回答在农机服务的支持下,能否提高农户水稻复种指数。

7.1 农机服务程度的统计

表7.1中,2004~2010年间,湘、鄂、赣、皖四省水稻生产上的农机服务得到了快速发展,农机服务程度由2004年的0.4517上升到2010年的0.6887。从单双季水稻的农机服务程度来看,双季稻的农机服务程度略微高出单季稻。

表 7.1　不同稻作制度选择下的农机与劳动投工统计

指　标	单季稻				双季稻			
	2004 年	2006 年	2008 年	2010 年	2004 年	2006 年	2008 年	2010 年
农机服务程度	0.4248	0.5248	0.5903	0.6539	0.4804	0.6494	0.6393	0.7495
亩均劳动投工	16.56	15.58	15.92	15.64	26.61	26.43	24.92	24.59
相关性检验	−0.2046	−0.2196	−0.2818	−0.3034	−0.2924	−0.2795	−0.4436	−0.2453

注:相关性检验指农机服务程度与亩均劳动投工之间的检验。

由于农机的广泛使用,单双季水稻的亩均劳动投工均出现下降趋势,从表7.1中给出的单双季水稻种植户的农机使用程度与亩均投工之间的历年相关系数来看,两者之间存在较为明显的反向变化趋势。单双季水稻之间的相关性检验系数也表明,农机服务对双季稻种植户的劳动投入的节约效果可能更明显。

7.2 实证模型构建与说明

相关性检验结果反映出农机服务对水稻生产劳动投工之间存在一定程度上的要素替代,这部分被替代的劳动能否用于其他生产活动而产生经济收益,将在一定程度上决定水稻生产者的农机使用程度,并影响到其稻作制度的选择决策。因此,本章在分析农机服务对农户稻作制度选择的影响程度之前,首先要检验农机服务影响农户稻作制度选择决策的两个重要作用途径——要素替代与收入效应是否存在。实证过程如下:① 选择 Cobb-Douglas 生产函数,测算农机服务对农户单双季水稻劳动投入的要素替代程度。② 使用面板模型分析农机服务对农户单双季水稻亩均净收益和家庭总收入的收入效应。③ 分析农机服务对农户稻作制度选择的影响程度。

关于要素替代程度的测算,本书选择 Cobb-Douglas 生产函数,函数形式如下:

$$Q_{it}(K, L, \Phi) = A \cdot K_i^{\alpha 1} L_i^{\alpha 2} \Phi_i^{\alpha 3} \tag{7.1}$$

式(7.1)中,A 表示农业技术水平,K_i、L_i 与 Φ_i 分别表示第 i 种水稻生产的物质资本投入、劳动用工量与农机服务程度[①]。对式(7.1)参数估计使用对数模型,并引入地区变量 D 以控制水稻单位面积产量上的区域差异性,计量模型形式如下:

$$\ln Q_{it} = A_{it} + \alpha_1 \ln K_{it} + \alpha_2 \ln L_{it} + \alpha_3 \ln \Phi_{it} + D + u_{it} \tag{7.2}$$

式(7.2)中,α_1、α_2 和 α_3 分别为 K、L 和 Φ 的估计系数,D 为地区控制变量,以地形特征表示,u_{it} 为随机扰动项。农机服务对水稻生产的要素替代程度主要体现在对水稻的劳动用工量上。一般而言,农机服务程度越高,农户用于水稻生产上的劳动投入将越少,因此使用两要素的边际技术替代率($MRTS_{\Phi L}$)公式测度农机服务与劳动投工量之间的替代程度:

$$MRTS_{\Phi L} = \frac{MP_\Phi}{MP_L} = \frac{\alpha_3}{\alpha_2} \cdot \frac{L}{\Phi} \tag{7.3}$$

依据式(7.2)的弹性系数与截面数据统计结果,分别将劳动用工量 L 与农机服务程度 Φ 均值代入式(7.3)中。

进一步,使用面板数据模型测算农机服务对水稻亩均净收益和家庭总收入的弹性参数,再通过弹性参数来判别是否存在农机服务的收入效应。模型通式与计量方程分别表示如下:

① 模型实证中,农机服务 Φ 中有一部分取值为零,为避免取对数后丧失样本,本书统计将其修正为0.001,修正后不影响原始数据的统计性描述结果。

$$R_i = f(p_i, Q_i \mid \Phi_i, control_i) \tag{7.4}$$

$$\ln R_i = \beta_0 + \beta_1 \ln p_i + \beta_2 \ln Q_i + \beta_3 \ln \Phi_i + \sum_{k=1}^{N} \beta_k \cdot control_k + \varepsilon_i \tag{7.5}$$

其中，R_i、p_i 和 Q_i 分别是农户第 i 种水稻的亩均净收益、稻谷出售价格与亩均产量，$control_i$ 是可能影响到水稻净收益或家庭总收入的控制变量。β_1、β_2 和 β_3 均是估计系数，ε 是随机扰动项。

为了保证控制变量设置的合理性，本书主要参考了农业经济理论和已有文献，具体说明如下：① 农户和家庭农业生产经营决策者的异质性特征，设置农户家庭总收入、家庭农业劳动力数和水稻收入占家庭总收入比重，家庭农业生产经营决策者的年龄、文化程度和是否非农就业（林坚等，2013；周宏等，2014）。② 自然地理与经济特征，设置农户所在村庄的地形特征、与县城距离和村庄所在县经济发展水平的控制变量（周晶等，2013）。③ 农业技术因素，主要通过家庭农业生产经营决策者是否参加村庄的农业技术培训来表示（廖西元等，2006）。具体的变量定义见表 7.2。

表 7.2 变量设置和指标定义

指 标	定 义
家庭总收入	农户家庭全年经营总收入（万元）
家庭农业劳动力数	家庭中用于农业生产上的劳动力数量
水稻收入占总收入比重	水稻收入在家庭经营总收入中的比例
年龄	农业生产经营决策者的年龄（周岁）
文化程度	农业生产经营决策者的受教育程度（年）
是否有非农就业	是否有水稻以外的非农就业活动，是＝1，否＝0
参加农技培训	是＝1，否＝0
地形特征	平原＝0，丘陵＝1，山区＝2
与县城距离	村庄与县城（市、区）之间最短公路行车距离（千米）
村庄所在县经济水平	村庄所属县（市、区）人均 GDP（万元）

注：对于双季稻而言，单位面积指耕地亩数，非播种亩；距离县城距离数据来自于百度地图，选择 2014 年样本村镇距离县城中心的最短公路行车里程。需要指出的是，由于公路网建设的不断完善，村镇距离县城的最短行车距离应该是不断变化的，但我们无法获取 2004～2010 年的信息，所以仅用了 2014 年数值替代，从而使得该指标具有虚拟变量特征。地形特征数据与周宏等（2014）的设置一致。

最后，使用面板模型分析农机服务程度对农户稻作制度选择的影响程度，计量方程如下：

$$y_1 = \gamma_0 + \gamma_1 R_i + \gamma_2 \cdot \Phi_i + \sum_{k=1}^{N} \gamma_k \cdot control_{k,i} + t + \xi_i \qquad (7.6)$$

式(7.6)中,y_1 表示农户水稻复种指数,$y_i \leqslant 1$ 与 $1 < y_i \leqslant 2$ 分别表示农户从事单季稻与双季稻生产(王全忠等,2015)。γ_2 为弹性系数,表示农机服务变化一个单位引致的农户水稻复种指数变动的幅度;ξ 是随机扰动项。控制变量 $control$ 的设置与式(7.5)一致。

7.3 稻作制度选择差异下农机服务的要素替代程度分析

在对式(7.2)进行截面回归[①]的过程中,使用 White 检验后发现存在异方差,本书使用加权最小二乘法[②](WLS)进行模型估计,计量结果分析如下:

(1) 农机服务程度对单双季水稻亩均产量的影响较弱,物质资本投入对单双季水稻亩均产量具有显著的正向影响,亩均用工量对双季稻亩均产量也具有显著的正向影响。在水稻生产实践中,农机使用对水稻增产往往需要辅助一定的生产条件和技术,例如,一方面,农机用于整田或耕作环节,多数会通过深耕农田土壤的方式,以促进水稻单位面积产量的提升;另一方面,一系列农机配套的生产技术条件[③],如机插秧运作模式下搭配对应的稻种、秧苗、栽插行距、栽插时间以及水肥管理等技术,也正逐渐被试验与推广。可以说,水稻单位面积产量增产是由一系列因素,如稻种、生产技术和管理方式及气候等综合决定的。农机作为一项技术被引入水稻生产中,虽然很大程度上缓解了农户水稻生产的劳动力投入强度和方式,但这并不能完全保障水稻的稳产或增产,通常农户水稻田间管理是否及时或到位[④],对于减少水稻产量损失仍然是至关必要的。

(2) 农机服务对单双季水稻劳动投入的边际技术替代率($MRTS_{\Phi L}$)均呈现"倒 U 型"变化,满足边际技术替代率递减规律(表 7.3)。

---

① 考虑到 2004～2010 年,水稻生产环节上农机服务存在逐步提高的现实和农机服务对水稻生产可能存在结构性变化等问题,文中就农机服务对水稻生产投工的替代程度采用了历年样本的截面回归,而未选择面板模型,以期准确度量这种替代程度的演变趋势。

② 权重的选择以 OLS 回归残差为基础,依据残差分布图后构建残差二次项,再选取残差二次项与亩均物质资本、亩均用工量和农村社会化服务进行回归,然后选择最大拟合优度(R^2)的变量为加权对象。

③ 随着水稻生产上农业机械化推进,国家科技部、农业部先后在中国长江流域启动了一系列针对农业机械化环境下的国家粮食丰产试验计划,如工厂化育秧、合理密植、安全齐穗、间歇好气灌溉及适时收割等,旨在保障机械化普及下的粮食(双季稻)持续丰产。

④ 亩均用工量对双季稻亩均产量具有显著的正向影响,反映出亩均用工量仍然在一定程度上能够促进水稻单位面积产量的稳定或提升,"精耕细作"式生产对于水稻增产的意义仍然存在。

表 7.3　截面 WLS 回归估计结果与边际技术替代率

变量	单季稻				双季稻			
	2004 年	2006 年	2008 年	2010 年	2004 年	2006 年	2008 年	2010 年
亩均物质资本	0.0640***	0.1014***	0.0733***	0.1024***	0.3172***	0.4300***	0.3506***	0.4135***
亩均用工量	−0.0087	−0.0101	0.0079	0.0355**	0.0554***	0.0424***	0.1022***	0.1077***
农机服务程度	−0.0027	−0.0047*	−0.0021	0.0078***	−0.0069**	−0.0085*	−0.0119*	0.0066
R^2	0.0382	0.0917	0.1754	0.1393	0.3724	0.4685	0.4488	0.4464
F 检验值 (Prob>F)	6.38 (0.000)	17.95 (0.000)	40.37 (0.000)	32.13 (0.000)	89.45 (0.000)	117.90 (0.000)	99.14 (0.000)	91.11 (0.000)
White 检验 (Prob>chi2)	88.26 (0.000)	56.75 (0.000)	136.79 (0.000)	69.72 (0.000)	62.65 (0.000)	38.51 (0.004)	73.91 (0.000)	40.64 (0.002)
$MRTS_{\Phi L}$	12.054	13.896	7.315	5.254	6.910	8.201	4.553	2.026

注：表中未显示常数项和控制变量的估计值；右上方 * * * 、* * 和 * 分别表示通过 1%、5%和 10%的显著性检验。

图 7.1 中，两条边际技术替代率的运动轨迹曲线反映出，初期（2004～2006年）边际技术替代率快速攀升的原因主要是在农机购置补贴政策（2004 年）推动下，农机服务被大力引入农业生产领域，从而有效地解决了水稻的耕种收环节上的劳动投入约束，表现出较强的劳动力替代效果。然而，$MRTS_{\Phi L}$ 递减规律也表明，农机服务对水稻生产的劳动投入替代效果正在逐渐降低，尤其是对于双季稻来说，通过继续增加农机服务来鼓励双季稻生产的难度在不断增加。图 7.1 中，2006～2010 年的 $MRTS_{\Phi L}$ 曲线呈现逐年下降趋势，而且同期 $MRTS_{\Phi L}$ 数值上单季稻明显高出双季稻。

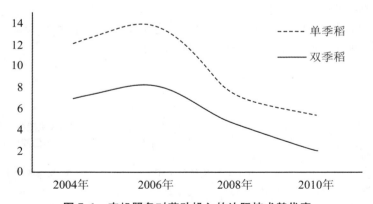

图 7.1　农机服务对劳动投入的边际技术替代率

这一现象的可能原因是双季稻生产上的劳动力需求或约束不仅体现在"双抢"环节上的耕作和收割上，尤其是晚稻栽插秧环节，农机服务的替代程度有限，导致双季稻生产上农机服务的要素替代程度要相对低于单季稻。或者说,在未来农机服务程度不断改善的情况下,农机服务加大对双季稻生产上的劳动投入释放或替代力度,仍然存在较大的提升空间。因此,综合单双季水稻的 $MRTS_{al}$ 轨迹可发现,假说 7 仅在一定程度上得到验证。

"倒 U 型"变化的 $MRTS_{al}$ 趋势为未来水稻发展提供了鲜明的政策含义。第一,在已有耕种收环节上,继续拓展农机服务的新项目。农机购置补贴政策执行初期,动力型农机(如拖拉机、翻耕机和收割机等)推动了农村农机服务及市场"从无到有"的转变,随着新型农机装备正逐渐投放到市场中,如插秧机、秸秆旋耕机和机动喷雾等,将可在更多环节上对劳动投入进行替代。第二,鼓励多样化的农机服务形式,降低服务的相对价格。适度竞争的农村农机服务市场,既有利于农村农机服务主体的利益维系,也有利于增加农户获取农机服务的便捷程度,降低农机服务的支付价格,促进农业生产的节本增收效果。

7.4 稻作制度选择差异下农机服务的收入效应分析

通过面板数据的 F-test 和 Hausman 检验结果显示,式(7.5)的参数估计选择面板固定效应模型优于混合回归和随机效应模型。模型估计结果表明,农机服务的收入效应主要影响到农户家庭总收入,而对稻作净收益的影响为负,这一结果验证了假说 8 成立。

农机服务对单双季水稻的亩均净收益影响显著为负,主要是因为农户选择农机服务需要支付一定的使用成本。随着水稻生产中农机服务项目的不断发展,除去目前已通用的耕种收环节,将来农机或社会化"外包"服务项目可能运用到更多的生产环节上,例如机插秧和统防统治等。某一项服务内容被农户采纳,往往是水稻种植户的劳动投入边际收益、农业劳动可用于其他生产活动的潜在收益与采纳该项服务所需的支付成本之间的综合收益的比较。

农机服务对水稻种植户的家庭总收入具有显著的正向影响,这可能是由于农机服务在一定程度上对水稻生产上的劳动投入的替代效果明显,使得农户在满足水稻生产的同时,可从事一定程度的非农生产活动,以获取更高的家庭总收入。

综合来看,当前农机服务的快速发展,较好地解决了农村优质劳动力转移后农业生产谁来生产的难题,但从表 7.4 可以发现,单双季水稻亩均净收益的最大影响因素仍是亩均产量和稻谷出售价格。在当前单双季水稻出售价格差异不大的情况下,通过加大双季稻的单产攻关以提高双季稻的亩均产量水平,将能有效地增加双季稻的亩均净收益,也将会对长江流域单双季稻作区的双季稻发展起到激励作用。

表 7.4 农机服务对水稻净收益与家庭总收入的收入效应估计结果

变量	因变量:水稻亩均净收益		因变量:农户家庭总收入	
	单季稻	双季稻	单季稻	双季稻
稻谷出售价格	1.5632***	1.5424***	—	—
水稻亩均产量	1.7076***	1.3767***	—	—
农机服务程度	−0.0125***	−0.0052*	0.0092**	0.0138***
家庭农业劳动力数	0.0207***	−0.0044	0.0394***	0.0499***
水稻收入占总收入比重	0.2366**	0.3652***	−2.3924***	−1.5541***
年龄	−0.0009	0.0009	−0.0039**	−0.0025
文化程度	0.0090**	−0.0028	−0.0042	−0.0008
是否有非农就业	0.0063	0.0260	0.0348	0.0174
参加农技培训	0.0255	−0.0676**	0.0958**	−0.0557
村庄所在县经济水平	0.0052	−0.0515	−0.0007	−0.0162
R^2-between	0.6016	0.7280	0.2223	0.1253
F test(Prob>F)	2.24(0.000)	2.36(0.000)	5.84(0.000)	6.54(0.000)
Hausman 检验(Prob>chi2)	85.71(0.000)	162.00(0.000)	100.49(0.000)	87.17(0.000)

注:表中未显示截距项、时间趋势项估计值;估计系数右上方 * * *、* * 和 * 分别表示通过 1%、5% 和 10% 的显著性检验;"—"表示未汇报内容,固定效应模型中的变量"地形特征"和"与县城距离"因多重共线而被省略。

7.5 农机服务对农户稻作制度选择的影响分析

通过面板数据的 F-test 和 Hausman 检验结果显示,式(7.5)的参数估计应选择面板固定效应模型。模型(1)是基于总样本的估计,考虑到长江流域单双季水稻生产上有一定的差异性,设置模型(2)与(3)分别估计农机服务对单双季农户水稻复种指数[①]的影响程度。使用传统的 Chow 检验方法[②],得到的 F 统计量的 P 值显著低于 1%,可在 1% 的显著性水平上强烈拒绝"无结构变动"的原假设,即认为水

---

① 水稻复种指数是一个从 0 到 2 的简单增函数,尤其是双季稻向单季稻"跃迁"过程中,可能使前后相关因素的估计系数发生变动,即存在结构性差异。另外,不能确定复种指数是否在其他界点上存在结构变化。

② 在式(7.5)的基础上,主要通过做以下 3 个回归来检验"无结构变动"的原假设:① 回归整个样本,得到残差平方和 $e'e$;② 回归第 1 部分子样本(单季稻),得到残差平方和 e'_1e_1;③ 回归第 2 部分子样本(双季稻),得到残差平方和 e'_2e_2。最后依据似然比检验原理的 F 统计量来判断。

稻复种指数在单双季界点上具有较强的结构变化。模型估计结果表明:

(1) 农机服务对农户稻作制度选择的影响不显著,表明通过提高农机服务程度不能提高农户的水稻复种指数,即农机服务的发展不能使农户做出偏向于选择双季稻的决策。这可能主要有两方面原因:第一,农机服务发展初期的劳动力约束并未彻底缓解。在农村劳动力"择优转移"的背景下,农户家庭中的劳动力数量仍是发展双季稻的一个重要的掣肘因素,尤其是应付"双抢"环节上的劳动力需求缺口,多数调查研究反映"劳动力不足"或"忙不过来"是农户对种植双季稻的主要顾虑。在农机服务发展初期,农机(如收割机和带犁拖拉机)服务解决了早稻收割、晚稻整地的问题,但晚稻栽插、田间管理活动仍是农户面临的最大难题,致使一部分农户因体能或老龄化等原因而选择相对强度轻的单季稻。第二,村庄的季节性用工短缺难以有效解决。村庄的季节性用工短缺①在双季稻生产上表现尤为突出,双季稻生产上"一闲皆闲、一忙皆忙"的特征,使得"双抢"环节上"雇工难"且"雇工贵"的现象较为普遍,雇工成本高涨导致了一部分水稻规模稍大的农户面临成本增加而缩减双季稻的种植面积。

(2) 水稻亩均净收益对农户稻作制度选择具有显著的正向影响,这表明稳定、适度地提高水稻亩均净收益,能够激励农户的种稻积极性,也会在一定程度上降低农户调整种植结构或向非农活动转移以追求更高收入的动机,因此也降低减少水稻复种指数的可能性。

综合表 7.5 中的估计结果来看,由于双季稻生产的劳动力约束以及村庄季节性用工短缺难以有效解决,导致农机服务的发展不能提高农户的水稻复种指数,即单一依托发展农机服务无法有效地激励农户选择双季稻。后期发展双季稻的可行路径,可能在于拓展农机服务内容和适度提高水稻亩均净收益。

表 7.5　农机服务对农户稻作制度选择的模型估计结果

变量	模型(1):总样本	分样本	
		模型(2):单季稻	模型(3):双季稻
水稻亩均净收益	0.0004***	−0.0001***	0.0003***
农机服务程度	0.0133	−0.0131	0.0238
家庭农业劳动力数	0.0170***	0.0030	0.0053
水稻收入占总收入比重	0.2877***	0.2581***	0.0431
年龄	−0.0034***	−0.0005	−0.0040***
文化程度	−0.0004	−0.0002	0.0048

① 有一小部分农户稻田改制的动机,是选择在"双抢"时节出售自身劳动以获取报酬,这增加了劳动力市场上的劳动供给量,但农村劳动力市场需求的不均衡性,使得该部分受雇劳动者的服务范围有限。

续表

变量	模型(1):总样本	分样本	
		模型(2):单季稻	模型(3):双季稻
参加农技培训	0.0559**	0.0243	0.0075
是否有非农就业	−0.0388***	0.0124	−0.0412**
村庄所在县经济水平	0.0312*	0.0229**	0.1403***
R²-between	0.1851	0.0286	0.0349
F test that(Prob>F)	5.89(0.000)	3.21(0.000)	4.55(0.000)
Hausman 检验(Prob>chi2)	193.22(0.000)	33.26(0.003)	118.16(0.000)

注:表中未显示截距项的估计值;估计系数右上方***、**和*分别表示通过1%、5%和10%的显著性检验;固定效应模型中的变量"地形特征"和"与县城距离"因多重共线而被省略。

7.6　内生性问题的简要说明

需要说明的是,本章的模型设置中将农户家庭收入默认为外生变量,而忽略考虑了模型的内生性问题。实际上,农户家庭收入增长可能会对农机服务产生影响,高收入家庭往往可能寻求更多的劳动替代性的农机服务项目。相反,农机服务的发展,往往会通过要素替代的形式促进农户家庭收入增长。这种解释变量与被解释变量之间的双向交互影响,可能导致模型存在内生性问题。

然而,本章未通过选择工具变量等方法来削弱内生性的影响,主要是基于以下原因考虑的:① 农机服务的发展可看作是顺应农村劳动力转移后解决劳动力不足等问题所衍生出的一项农业技术进步,其根植于具体的生产行为中,农机服务的发展目标更多的是适应农业生产并提高生产收益,使其能够相应地带来收入增长。② 水稻生产中农户使用的农机服务具有惯性,一旦农户接受某一项农机服务,将很有可能在以后的生产中继续采纳这一服务项目,并且这一服务项目也将逐渐被纳入到固定成本支出中,不太容易因为收入变动等因素而发生逆转或者被取消。③ 相比于农户是使用者而非操纵者(除个别拥有农机装备的农户外)而言,农机服务市场是外部的,农户能够接受到的农机服务市场具有规模限制,服务时间的趋同和服务容量有限等特征,使得其多数不受到农户家庭收入的影响,即使再高的收入水平,处在农村农机服务市场内,往往也是"有价无市"。因此,本章认为农机服务基本是单向地影响家庭总收入,而反向关系不强烈。

整合本章的研究内容来看,实证发现农机服务对单双季水稻种植农户劳动投入的要素替代现象是客观存在的,且两者的边际技术替代率($MRTS_{\Phi L}$)均呈"倒 U

型"变化,递减趋势明显,这一规律反映出在未来长江流域湘、鄂、赣、皖四省的水稻生产中,继续追加农机服务来替代劳动投入的难度在不断增加,替代程度也逐步趋于减弱。农机服务对水稻种植农户的收入效应主要影响到家庭总收入,而对稻作净收益的影响为负。

在样本研究期内,由于双季稻生产的劳动力约束和村庄季节性用工短缺难以有效解决,导致农机服务的发展不能提高农户的水稻复种指数,即单一依托发展农机服务无法有效地激励农户选择双季稻。长江流域稻作区正处于《全国新增 1000亿斤粮食生产能力规划(2009~2020 年)》的实施期内,扩大双季稻种植面积与增加复种指数的可行路径,可能在于拓展农机服务内容和适度提高水稻亩均净收益,使得农户选择双季稻的同时兼顾到家庭收入增长的目标。

第 8 章　研究结论和政策建议

8.1　主要研究结论

本书以长江流域单双季稻作区的湘、鄂、赣、皖四省为研究范围,使用 2004～2010 年农村固定观察点的农户追踪数据,围绕农户家庭收入和劳动配置,探讨了农户稻作制度选择的影响机理,并实证分析了农户种植结构变化、非农就业和农机服务对稻作制度选择的影响。观测样本的统计分析发现,2004～2010 年间,长江流域稻作区内湘、鄂、赣、皖四省的水稻复种指数逐年下降后趋稳,户均水稻种植面积呈现小幅度的增加趋势,水稻复种指数存在向大户集中的迹象。农户稻作制度选择存在多种变化模式,"一直单季稻""一直双季稻""双改单"与"单改双"共存,其中鄂、赣、皖三省中多数农户维持了稻作制度模式的相对固定,而湖南省农户水稻"双改单"趋势较为明显。

在农户的种植结构方面,水稻种植户倾向于"小麦/油菜＋水稻(水田)＋棉花/玉米(旱地)"的一年二熟制下的灌溉与旱作农业结合的生产模式。综合比较农户不同农作物之间的相对收入和播种面积变化,发现农户稻作制度选择变化关联程度最大的农作物是棉花,而非水稻的替代性农作物(如同季的夏玉米与大豆,以及一年二熟制下非同季的油菜与小麦)。虽然替代作物种植在一定程度上存在着与水稻劳动配置上的竞争性,但替代性农作物的收入份额在农户种植业收入结构中的相对稳定,表明了决定农户稻作制度选择变化的可能另有原因。

相关实证研究结论如下:

(1)虽然单季稻的作物组合模式("稻＋麦""稻＋油菜"与"稻＋麦＋油菜")的亩均净收益略高于双季稻,但是受限于替代作物的耗费劳动用工和机械化程度偏低等因素的制约,农户选择上述单季稻的作物组合模式比例未发生明显增长趋势。实证模型结果显示,农户种植结构内部变化对稻作制度选择具有显著的负向影响,这一影响关系的背后,实际上取决于农户种植结构中水稻与非稻作物净收益的相

108

对变化。农户种植业净收益中非稻作物比重的上升,将会显著地诱发水稻复种指数下降或者稻田改制倾向。

(2) 农户家庭非农收入对稻作制度选择具有显著的正向影响,而且由于可在务农与非农就业的劳动时间上进行错峰配置,农业生产经营决策者的非农就业程度未对稻作制度选择产生显著的负面影响。这得益于农机服务发展将农户家庭劳动力从水稻生产中逐步替代或释放出来,增加了劳动力从事非农生产活动的机会,农机服务程度对农户非农收入增长和农业生产经营决策者的非农就业程度均具有正向影响。然而,联立方程模型显示出农机服务对农户非农就业和稻作制度选择之间有相反影响,这表明农机服务发展不能完全兼顾农户稻作制度选择与非农收入的双重目标。

(3) 农机服务对单双季水稻种植农户劳动投入的要素替代现象是客观存在的,且两者的边际技术替代率($MRTS_{\Phi L}$)均呈"倒 U 型"变化,递减趋势明显,这一规律反映出在未来长江流域稻作区内湘、鄂、赣、皖四省的水稻生产中,继续追加农机服务来替代劳动投入的难度在不断增加,替代程度也逐步趋于减弱。农机服务对水稻种植农户的收入效应主要影响到家庭总收入,而对稻作净收益的影响为负。在样本研究期内,由于双季稻生产的劳动力约束和村庄季节性用工短缺问题难以有效解决,导致农机服务的发展不能提高农户的水稻复种指数,即单一依托发展农机服务无法有效地激励农户选择双季稻。

8.2 政 策 建 议

中国长江流域单双季稻作区正处于《全国新增 1000 亿斤粮食生产能力规划 (2009~2020 年)》的执行期内。依据上述研究结论,提出平衡农户稻作制度选择与收入增长的相关政策建议如下:

(1) 理清中国长江流域单双季稻作区的双季稻发展与收入增长的优先序。对于长江流域单双季稻作区来说,发展或稳定现有的双季稻规模与促进农户增收具有不同的现实意义,但追根溯源,发展双季稻的核心手段还是实现农户收入增长。在优先保障农户收入增长目标下,应结合稻谷供给安全与耕地资源利用的长远考虑,重视长江流域稻作区内农户稻作制度选择的演变动向。具体的政策调控路径可分两步走:第一,以稳定稻谷最低收购价和农资产品价格为抓手,稳住现有的单季稻种植规模,以避免单季稻种植面积的进一步下滑或向直接撂荒(或隐形撂荒)的不利局面发展;第二,依托水稻育种技术,克服长江流域稻作区早稻单位面积产量偏低的短板,同时加大稻田生产技术的试验攻关,完善和推广农业机械装备下的水稻稳产、丰产的配套技术,稳步提高现有的双季稻种植户的单位产量水平,以稳定双季稻种植户的经济收益。

（2）深化和拓展农机服务内容。在农机购置补贴的政策引导下，农村农机服务正由动力型向功能型发展和深化，农机服务的内容或项目也正由传统的耕、种、收向水稻产前、产中和产后环节延伸与发展。未来农机服务更具服务形式多样化和服务便捷性，以期更好地解决农户双季稻生产上所面临的劳动力、时间配置等方面的困难或约束，切实发挥农机服务对于发展双季稻的技术保障功能。

（3）合理利用村庄的农业生产"外部性"影响。在中国传统农业向现代农业转变的过程中，必然涉及对现有或传统农业生产结构的引导与调整（如鼓励双季稻等），地方政府或涉农组织等推广或执行的农业产业政策或计划，可以立足于农户与村庄的双重视角，既考虑新的农业生产活动或行为对农户的实际经济收益和资源配置的影响，还可以通过优先支持示范户等形式发挥和利用村庄的"外部"影响力。

（4）积极探索双季稻生产与现代农业发展之间的契合点。从长江流域稻作区农业生产主体形式演变趋势来看，一方面，小农经营在当前及将来一段时间内仍然是本区域农业的微观生产主体；另一方面，传统农业向现代农业生产转型过程中所培育的新型农业生产经营主体（如规模农户、家庭农场、专业合作组织以及社区性或行业性的服务组织等）不断形成。

现阶段鼓励长江流域稻作区发展双季稻的一系列政策和措施，需要考虑到传统小农与现代农业生产经营主体之间的差异性，以便更加有效地落实政策目标。因此，通过农技培训或再教育等形式，培育现代职业化农民，扶植种植大户或种植示范户，引导农户扩大双季稻的种植规模，提高农户的市场参与程度，积极探索双季稻生产与现代农业发展之间的契合点，以解决或提高中国农业生产能力，兼顾维系农村经济社会稳定发展与确保国家粮食安全。

8.3　后期研究展望

关于农户稻作制度选择的后续跟进研究，需要清晰认识到 2004～2010 年和 2011 年后中国农业内外部环境发生的深刻变化，这一系列变化主要体现在农业生产经营主体的发展和粮食生产"连增"背景下粮食安全目标的转变上。

（1）农业生产经营主体的发展对稻作制度选择的影响。由于农地流转加速，农户群体正经历着小农户不断退出和新型农业生产经营主体不断涌现的并存局面。新型农业生产经营主体（如规模户、专业户和家庭农场等）与规模小且分散的农户之间，在生产要素禀赋结构和收入最大化路径上具有一定的差异性，例如在当前劳动力快速上升的发展区间中（吴丽丽等，2015），小农户的劳动投入往往是家庭自有劳动资源的配置,而对规模农户来说,一部分无法由机械化替代的劳动成本支出则变成一个不得不考虑的现实问题。因此,后续关注稻作制度选择的发展趋势,有必要区分农户类型,探索农户分化差异下的粮食生产收益和相关制约因素。

（2）在粮食生产"连增"背景下,农户稻作制度选择的意义和必要性研究。2004 年,中央农村经济工作政策的重大调整,促进粮食生产迅速恢复发展,扭转了粮食产量自 1999 年以来连续 5 年下降的局面(吴敬学,2012),也为后续粮食生产"连增"创造了基础条件。时至 2015 年,中国粮食产量即将迎来"十二连增",在粮食产量连增的可喜局面下,也引发了越来越多的人开始关注甚至质疑中国一直强调的粮食安全问题的必要性,这其中就涉及长江流域单双季稻作区双季稻的取舍问题。后续关于稻作制度选择的研究可在以下两个方面展开:第一,探讨长江流域稻作区的双季稻播种面积减少对粮食数量安全的负面冲击能否被单季稻单位面积产量提升所抵消。第二,探讨未来中国人口结构变化所引致的稻米需求和饮食结构中籼粳变化对长江流域稻作区的双季稻发展的影响。

参 考 文 献

柴斌锋,陈玉萍,郑少锋,2007.玉米生产者经济效益影响因素实证分析:来自三省的农户调查[J].农业技术经济(6):34-39.

陈超,黄宏伟,2012.基于角色分化视角的稻农生产环节外包行为研究:来自江苏省三县(市)的调查[J].经济问题(9):87-92.

蔡昉,王德文,都阳,2008.中国农村改革与变迁:30年历程和经营分析[M].上海:格致出版社.

陈风波,丁士军,陈传波,2003.南方农户水稻种植行为差异分析[J].湖北社会科学(4):33-35.

陈风波,马志雄,陈培勇,2011.农户水稻种植模式选择现状及其影响因素分析:对长江中下游地区四个省的调查[J].农业经济与管理(3):62-73.

陈汉圣,吕涛,1997.农业生产资料价格变动对农户的影响[J].中国农村观察(2):41-45.

陈劲松,2013.2012年中国农村经济形势分析与2013年展望[J].中国农村经济(2):4-11.

陈茂奇,毕仁海,谷丽山,2000.南京地区农业生产要素替代问题的研究[J].南京社会科学(5):79-90.

陈锡文,2013.农业和农村发展:形势与问题[J].南京农业大学学报(社会科学版)(1):1-10.

陈锡文,陈昱阳,张建军,2011.中国农村人口老龄化对农业产出影响的量化研究[J].中国人口科学(2):39-46.

曹阳,李庆华,2005.我国农户劳动力配置决策模型及其应用[J].华中师范大学学报(人文社会科学版)(1):48-53.

陈印军,李应中,尹昌斌,1998.长江流域粮食生产的几大特点与几点建议[J].农业经济问题(5):6-10.

陈云松,范晓光,2011.社会资本的劳动力市场效应估算:关于内生性问题的文献回溯和研究策略[J].社会学研究(1):167-195.

程勇翔,王秀珍,郭建平,等,2012.中国水稻生产的时空动态分析[J].中国农业科学(17):3473-3485.

董晓霞,黄季焜,Scott Rozelle,等,2006.地理区位、交通基础设施与种植业结构调整研究[J].管理世界(9):59-63.

邓玉增,2012.破解双季稻生产困惑的对策:规模化与机械化[J].湖南农机(4):10-11.

范海燕,李洪山,2007.农村劳动力流转的效应分析[J].中国林业经济(3):17-20.

顾和军,2008.农民角色分化与农业补贴政策的收入分配效应:江苏省农业税减免、粮食直补收入分配效应的实证研究[D].南京:南京农业大学.

郭剑雄,李志俊,2010.人口偏好逆转、家庭分工演进与农民收入增长:基于中国农户经验的分析[J].南开学报(哲学社会科学版)(6):103-112.

龚胜生,1996.从米价长期变化看清代两湖农业经济的发展[J].中国经济史研究(2):80-87.

郭玮,1999.农业生产力布局变化的五大趋势[J].经济研究参考(2):15-18.

高旺盛,1999.耕作制度改革回顾与新世纪展望[J].耕作与栽培(1):1-5.

郭熙保,黄灿,2010.刘易斯模型、劳动力异质性与我国农村劳动力选择性转移[J].河南社会科学(2):64-68.

湖北农牧业志编纂委员会,1996.湖北农牧业志[M].湖北:湖北科学技术出版社.

黄国勤,2001.建国四十五年南方耕作制度的演变与发展[J].中国农史(1):68-78.

黄国勤,2005.江西稻田耕作制度的演变与发展[J].耕作与栽培(4):1-3.

黄季焜,罗斯高,1996.中国水稻的生产潜力、消费与贸易[J].中国农村经济(4):24-27.

韩茂莉,2000.中国古代农作物种植制度略论[J].中国农业通史(3):91-99.

胡小平,郭晓慧,2010.2020年中国粮食需求结构分析及预测:基于营养标准的视角[J].中国农村经济(6):4-15.

胡雪枝,钟甫宁,2012.农村人口老龄化对粮食生产的影响:基于农村固定观察点数据的分析[J].中国农村经济(7):29-39.

黄延廷,2011.农地规模经营中的适度性探讨:兼谈我国农地适度规模经营的路径选择[J].求实(8):92-96.

黄宗智,2010.中国的隐性农业革命[M].北京:法律出版社.

侯方安,2008.农业机械化推进机制的影响因素分析及政策启示:兼论耕地细碎化经营方式对农业机械化的影响[J].中国农村观察(5):42-48.

金姝兰,侯立春,徐磊,2011.长江中下游地区耕地复种指数变化与国家粮食安全[J].中国农学通报(17):208-212.

蒋远胜,丁明忠,林方龙,等,2007.四川主要粮食作物生产成本收益分析[J].四川农业大学学报(3):357-361.

纪月清,钟甫宁,2013.非农就业与农户农机服务利用[J].南京农业大学学报(社会科学版)(5):47-52.

纪月清,王亚楠,钟甫宁,2013.我国农户农机需求及其结构研究[J].农业技术经济(7):19-26.

李彬,武恒,2009.安徽省耕地资源数量变化及其对粮食安全的影响[J].长江流域资源与环境(12):1115-1120.

李敬,冉光和,温涛,2007.金融影响经济增长的内在机制:基于劳动分工理论的分析[J].金融研究(6):80-99.

李澜,李阳,2009.我国农业劳动力老龄化问题研究:基于全国第二次农业普查数据的分析[J].农业经济问题(6):61-66.

李琳凤,李孟刚,2012.提高复种指数是保障我国粮食安全的有效途径[J].管理现代化(3):26-28.

李茂,张洪业,2003.中国耕地和粮食生产力变化的省际差异研究[J].资源科学(3):49-56.

李鹏,谭向勇,2006.粮食直接补贴政策对农民种粮净收益的影响分析:以安徽省为例[J].农业技术经济(1):44-48.

李庆,林光华,何军,2013.农民兼业化与农业生产要素投入的相关性研究:基于农村固定观察点农户数据的分析[J].南京农业大学学报(社会科学版)(3):27-32.

李旻,赵连阁,2009.农业劳动力"老龄化"现象及其对农业生产的影响:基于辽宁省的实证分析[J].农业经济问题(10):12-18.

李岳云,蓝海涛,方晓军,1999.不同经营规模农户经营行为的研究[J].中国农村观察(4):39-45.

林本喜,邓衡山,2012.农业劳动力老龄化对土地利用效率影响的实证分析:基于浙江省农村固定观察点数据[J].中国农村经济(4):15-25.

林坚,李德洗,2013.非农就业与粮食生产:替代抑或互补——基于粮食主产区农户视角的分析[J].中国农村经济(9):54-62.

林万龙,孙翠清,2007.农业机械私人投资的影响因素:基于省级层面数据的探讨[J].中国农村经济(9):25-32.

林毅夫,1995.我国主要粮食作物单产潜力与增产前景[J].中国农业资源与区划(3):4-7.

林政,2009.现代农业生产力演进路径的经济分析:基于生产要素禀赋的农业实践[J].重庆工商大学学报(社会科学版)(4):28-33.

刘承芳,张林秀,2002.农户农业生产性投资影响因素研究:对江苏省六个县市的实证分析[J].中国农村观察(4):34-42.

刘朝旭,刘黎明,彭倩,2012.南方双季稻区农户水稻种植模式的决策行为分析:基于湖南省长沙县农户调查的实证研究[J].资源科学(12):2234-2241.

刘莉君,2013.农村土地流转的国内外研究综述[J].湖南科技大学学报(社会科学版)(1):95-99.

刘荣茂,马林靖,2006.农户农业生产性投资行为的影响因素分析:以南京市五县区为例的实证研究[J].农业经济问题(12):22-26.

刘玉杰,杨艳昭,封志明,2007.中国粮食生产的区域格局变化及其可能影响[J].资源科学(2):8-14.

刘玉梅,田志宏,姜雪琴,2005.我国农业装备水平区域性特征及其影响因素研究[J].中国农业大学学报(社会科学版)(4):54-57.

刘新平,谢小立,易爱军,1999.长江流域商品粮基地建设与农业持续发展[J].长江流域资源与环境(2):185-190.

刘志刚,吕杰,2006.辽宁省玉米生产成本收益分析[J].社会科学辑刊(3):116-120.

龙国项,2009.农民种稻缘何"双改单":衡阳县水稻生产情况的调查与思考[J].衡阳通讯(6):33-34.

陆文聪,黄祖辉,2004.中国粮食供求变化趋势预测:基于区域化市场均衡模型[J].经济研究(8):94-104.

陆文聪,祁慧博,李元龙,2011.全球化背景下的中国粮食供求变化趋势[J].浙江大学学报(人文社会科学版)(1):5-18.

马捷,锁利铭,王成璋,2006.农户家庭劳动力转移的分工博弈及其技术积累[J].统计与决策(15):18-19.

马志雄,丁士军,陈风波,2012.地块特征对水稻种植模式采用的影响研究:基于长江中下游四省农户的调查[J].农业技术经济(9):11-18.

马九杰,曾雅婷,吴本健,2013.贫困地区农户家庭劳动力禀赋与生产经营决策[J].中国人口·资源与环境(5):135-142.

马忠东,张为民,梁在,2004.劳动力流动:中国农村收入增长的新因素[J].人口研究(8):2-10.

梅方权,吴宪章,姚长溪,等,1988.中国水稻种植区划[J].中国水稻科学(3):97-110.

孟德拉斯,2005.农民的终结[M].李培林,译.北京:社会科学文献出版社.

闵宗殿,1999.从方志记载看明清时期我国水稻的分布[J].古今农业(1):35-48.

蒙秀锋,饶静,叶敬忠,2005.农户选择农作物新品种的决策因素研究[J].农业技术经济(1):20-26.

庞丽华,Scott Rozelle,Alan de Brauw,2003.中国农村老人劳动供给研究[J].经济学(季刊)(4):721-730.

彭春芳,2010.双季稻消失与农民兼业:对黄宗智《长江三角洲小农家庭与乡村发展》的现代思考[J].濮阳职业技术学院学报(2):117-119.

齐良书,2011.新型农村合作医疗的减贫、增收和再分配效果研究[J].数量经济技术经济研究(8):35-52.

乔颖丽,梁俊仙,武敏,2012.非农就业影响农地低流转和农业高生产率的实证分析:基于农户经营目标与生产要素特征理论[J].农业经济与管理(5):30-39.

瞿商,苏少之,2003.新中国区际粮食流通的三次变化及其原因分析[J].当代中国史研究(2):46-58.

钱忠好,2008.非农就业是否必然导致农地流转:基于家庭内部分工的理论分析及其对中国农户兼业化的解释[J].中国农村经济(10):13-21.

孙文华,2008.农户分化:微观机理与实证分析:基于苏中三个样本村705个农户的调查[J].江海学刊(4):114-119.

桑润生,1982.长江流域栽培双季稻的历史经验[J].农业考古(2):62-64.

盛来运,2007.农村劳动力流动的经济影响和效果[J].统计研究(10):15-19.

沙志芳,2007.农村社会分化进程和变迁趋向分析:苏中10村调查[J].扬州大学学报(人文社会科学版)(5):20-25.

田甜,李隆玲,黄东,等,2015.未来中国粮食增产将主要依靠什么?:基于粮食生产"十连增"的分析[J].中国农村经济(6):13-22.

田玉军,李秀彬,辛良杰,等,2009.农业劳动力机会成本上升对农地利用的影响:以宁夏回族自治区为例[J].自然资源学报(3):369-377.

田玉军,李秀彬,马国霞,2010.耕地和劳动力禀赋对农村劳动力外出务工影响的实证分析:以宁夏南部山区为例[J].资源科学(11):2160-3164.

吴海盛,2008.农村老年人农业劳动参与的影响因素:基于江苏的实证研究[J].农业经济问题(5):96-102.

吴敬学,2012."八连增"之下粮食安全形势依然任重道远[J].中国合作经济(3):10-11.

吴乐,邹文涛,2011.我国稻谷消费中长期趋势分析[J].农业技术经济(5):87-96.

吴丽丽,李谷成,周晓时,2015.要素禀赋变化与中国农业增长路径选择[J].中国人口·资源与环境(8):144-152.

吴清华,李谷成,周晓时,等,2015.基础设施、农业区位与种植业结构调整:基于1995~2013年省际面板数据的实证[J].农业技术经济(3):25-32.

吴晓涛,2010.转型时期中国种植业"人-畜-机"投入成本贡献率的实证研究[J].经济与管理(11):9-13.

王达,1982.双季稻的历史发展[J].中国农史(4):45-54.

王红茹,郭芳,李雪,2013.中国粮食地图:从"南粮北运"到"北粮南运"[J].中国经济周刊(8):32-34.

王辉,屠乃美,2006.稻田种植制度研究现状与展望[J].作物研究(5):498-503.

王全忠,周宏,朱晓莉,2013.规模扩大能否带来要素投入节约:以江苏农户水稻为例[J].科技和产业(11):41-46.

王社教,1995.明代双季稻的种植类型及分布范围[J].中国农史(3):31-37.

王铁生,2013.我国农业耕作制度的区划及成就[J].农业科技与装备(5):84-85.

王薇薇,王雅鹏,2008.主产区种粮成本分析与粮食安全长效机制的建立:基于湖北省荆州市2006年农户调查数据[J].农村经济(10):35-38.

王新志,2015.自有还是雇佣农机服务:家庭农场的两难抉择解析:基于新兴古典经济学的视角[J].理论学刊(2):56-62.

王跃梅,姚先国,周明海,2013.农村劳动力外流、区域差异与粮食生产[J].管理世界(11):67-76.

王雅鹏,2005.对我国粮食安全路径选择的思考:基于农民增收的分析[J].中国农村经济(3):4-11.

翁贞林,王雅鹏,2009.粮食主产区种稻大户稻作经营"双季改单季"行为的实证研究:基于江西省619个种稻大户的调研[J].生态经济(4):45-47.

徐春春,孙丽娟,周锡跃,等,2013.我国南方水稻生产变化和特点及稳定发展的政策建议[J].农业现代化研究(2):129-132.

薛福根,石智雷,2013.个人素质、家庭禀赋与农村劳动力就业选择的实证研究[J].统计与决策(8):110-112.

薛庆根,周宏,王全忠,2013.中国种植业增长中的结构变动贡献及影响因素:基于1985～2011年省级面板数据的分析[J].中国农村经济(12):28-38.

薛庆根,王全忠,朱晓莉,等,2014.劳动力外出、收入增长与种植业结构调整:基于江苏省农户调查数据的分析[J].南京农业大学学报(社会科学版)(6):34-41.

辛良杰,李秀彬,2009.近年来我国南方双季稻区复种的变化及其政策启示[J].自然资源学报(1):58-65.

熊德平,2002.农业产业结构调整的涵义、关键、问题与对策[J].农业经济问题(6):20-25.

熊先根,曾尊国,1995.改革开放以来江苏农业投入结构的变化[J].江苏经济探讨(6):10-12.

尹昌斌,陈印军,杨瑞珍,2003.长江中下游地区稻田改制的倾向与动力:来自农户调查的实证分析[J].中国农业资源与区划(4):30-33.

闫惠敏,刘纪远,曹明奎,2005.近20年中国耕地复种指数的时空变化[J].地理学报(4):559-566.

于秋华,2007.解读斯密和马克思的劳动分工理论[J].大连海事大学学报(社会科学版)(4):27-31.

应瑞瑶,郑旭媛,2013.资源禀赋、要素替代与农业生产经营方式转型[J].农业经济问题(12):15-23.

杨林章,董元华,徐琪,1998.长江流域粮食生产态势与潜力[J].长江流域资源与环境(4):353-358.

杨万江,王绎,2013.我国双季稻区复种变化及影响因素分析:基于10个水稻主产省的实证研究[J].农村经济(11):24-28.

杨小凯,2003.经济学:新兴古典与新古典框架[M].张定胜,张永生,李利明,译.北京:社会科学文献出版社.

杨志武,钟甫宁,2010.农户种植业决策中的外部性研究[J].农业技术经济(1):27-33.

周端明,2002.农业劳动力的异质性:乡城人口流动理论不应忽视的因素[J].安徽农业大学学报(社会科学版)(4):43-45.

周宏,王全忠,张倩,2014.农村劳动力老龄化与水稻生产效率缺失:基于社会化服务的视角[J].中国人口科学(3):53-65.

周宏伟,1995.清代两广耕作制度与粮食亩产的地域差异[J].中国农史(3):62-70.

周晶,陈玉萍,阮冬燕,2013.地形条件对农业机械化发展区域不平衡的影响:基于湖北省县级面板数据的实证分析[J].中国农村经济(9):63-77.

周黎安,陈烨,2005.中国农村税费改革的政策效果:基于双重差分模型的估计[J].经济研究(8):44-53.

钟甫宁,刘顺飞,2007.中国水稻生产布局变动分析[J].中国农村经济(9):39-44.

钟武云,2003.湖南稻田耕作制度改革的形势与对策[J].作物研究(3):114-116.

曾福生,戴鹏,2011.粮食生产收益影响因素贡献率测度与分析[J].中国农村经济(1):66-76.

中国水稻研究所,1989.中国水稻种植区划[M].浙江:浙江科学技术出版社.

朱德峰,陈惠哲,徐一成,等,2013.我国双季稻生产机械化制约因子与发展对策[J].中国稻米(4):1-4.

朱晶,李天祥,林大燕,等,2013."九连增"后的思考:粮食内部结构调整的贡献及未来潜力分析[J].农业经济问题(11):36-43.

朱民,尉安宁,刘守英,1997.家庭责任制下的土地制度和土地投资[J].经济研究(10):62-69.

朱启臻,杨汇泉,2011.谁在种地:对农业劳动力的调查与思考[J].中国农业大学学报(社会科学版)(1):162-169.

章磷,王春霞,2014.黑龙江省农机服务对农民收入的影响:基于两个地区的实证研究[J].黑龙江八一农垦大学学报(4):104-107.

邹晓娟,贺媚,2011.农村留守老人农业生产现状分析:基于江西调查数据[J].华中农业大学学报(社会科学版)(6):66-70.

赵玻,辰马信男,2005.论保护中国农民种粮积极性[J].经济学家(3):43-49.

赵阳,2011.城镇化背景下的农地产权制度及其相关问题[J].经济社会体制比较(2):26-31.

郑有贵,邝婵娟,焦红坡,1999.南粮北调向北粮南运演变成因的探讨:兼南北方两个区域粮食生产发展优势和消费比较[J].当代中国史研究(1):97-104.

张伯平,2002.改革开放以来我国稻田种植制度的变革[J].耕作与栽培(4):4-6.

张缔庆,2000.农机替代效益的计算方法[J].中国农业大学学报(2):40-43.

张红宇,2002.中国农地调整与使用权流转:几点评论[J].管理世界(5):76-87.

张建杰,2007.惠农政策背景下粮食主产区农户粮作经营行为研究:基于河南省调查数据的分析[J].农业经济问题(10):58-68.

张文毅,袁钊和,金梅,2011.亟待破解双季稻区水稻种植机械化发展迟缓的难题[J].中国农机化(4):3-5.

张新民,王跃新,孙梅君,1997.“南粮北调”到“北粮南运”的转变与我国粮食持续稳定增长的对策[J].调研世界(2):18-22.

张也庸,薛俊,尹春建,等,2009.浅析江西农机的发展趋势和对农业生产的促进作用:以水稻联合收割机为例[J].农业考古(4):184-187.

张忠根,2010.农业经济学:国家特色专业浙江大学农林经济管理专业本科系列教材[M].杭州:浙江大学出版社.

张兆同,李静,2009.农民的农业生产经营决策分析:基于江苏省苏北地区的调查[J].农业经济问题(12):46-51.

Anderson K, Strutt A, 2014. Food Security Policy Options for China: Lessons from Other Countries [J]. Food Policy, 49: 50-58.

Becker G S,王业宇,陈琪,2008.人类行为的经济分析[M].上海:人民出版社.

Becker G S, Barro R J, 1988. A Reformulation of the Economic Theroy of Fertility [J]. The Quarterly Journal of Economics, 103(1): 1-25.

Berg M V D, Hengsdijk H, Wolf J, et al, 2007. The Impact of Increasing Farm Size and Mechanization on Rural Income and Rice Production in Zhejiang province, China [J]. Agricultural Systems, 94: 841-850.

Brosig S, Glauben T, Herzfeld T, et al, 2009. Persistence of Full—and Part-Time Farming in Southern China [J]. China Economic Review, 20:

360-371.

Chang T T, 李泽炳, 1979. 稻的起源与进化[J]. 湖北农业科学(8): 35-40.

Ellis F, 胡景北, 2006. 农民经济学: 农民家庭农业和农业发展[M]. 上海: 人民出版社.

Fengbo C, Pandey S, Shijun D, 2013. Changing Rice Cropping Patterns: Evidence from the Yangtze River Valley, China [J]. Outlook on Agriculture, 42 (2): 109-115.

Gu S, Zheng L, Yi S, 2008. Problems of Rural Migrant Workers and Policies in the New Period of Urbanization [J]. Chinese Journal of Population, Resources and Environment, 6(3): 1-20.

Hayami Y, Ruttan V, 1982. Agricultural Development: An International Perspective[M]. Baltimore and London: The John Hopkins University Press.

Heerink N, Kuiper M, Shi X, 2006. China's New Rural Income Support Policy: Impacts on Grain Production and Rural Income Inequality [J]. China & World Economy, 14(6): 58-69.

Hill H D, 2010. The Cultivation of Perennial Rice: An Early Phase in Southeast Asian Agriculture [J]. Journal of Historical Geography, 36: 215-223.

Huang J, Wu Y, Rozelle S, 2009. Moving Off the Farm and Intensifying Agricultural Production in Shandong: A Case Study of Rural Labour Market Linkages in China [J]. Agricultural Economics, 40: 203-218.

Li P, Feng Z, Jiang L, et al, 2012. Changes in Rice Cropping Systems in the Poyang Lake Region, China during 2004—2010 [J]. Journal of Geographical Sciences, 22(4): 653-668.

Li Q, Huang J, Luo R, et al, 2013. China's Labor Transition and the Future of China's Rural Wages and Employment [J]. China & World Economy, 21 (3): 4-24.

Ling M, Liu X, Xian X, 2013. Do Poor Rural Households Produce Less Grain than Non-poor Rural Households [J]. China & World Economy, 21(6): 22-36.

McNamara K T, Weiss C R, 2005. Farm Household Income and On-and-Off Farm Diversification [J]. Journal of Agricultural and Applied Economics, 37 (1): 37-48.

Mishra A K, Goodwin B K, 1997. Farm Income Variability and the Supply of Off-Farm Labor [J]. American Journal of Agricultural Economics, 79: 880-887.

Muazu A, Yahya A, Ishak W I W, et al, 2014. Machinery Utilization and Production Cost of Wetland，Direct Seeding Paddy Cultivation in Malaysia [J]. Agriculture and Agricultural Science Procedia(2)：361-369.

Schluter M G，Mount T D，1976. Some Management Objectives of the Peasant Farmer：An Analysis of Risk Aversion in the Choice of Cropping Pattern, Surat District，India [J]. Journal of Development Studies，12(3)：246-261.

Verburg P H，Veldkamp A，2001. The Role of Spatially Explicit Models in Land-use Change Research：A Case Study for Cropping Patterns in China [J]. Agriculture，Ecosystems and Environment，85：177-190.

Yang J，Huang Z，Zhang X，et al，2013. The Rapid Rise of Cross-Regional Agricultural Mechanization Services in China [J]. American Journal of Agricultural Economic，95(5)：1245-1251.

Zhang L，Rozelle S，Huang J，2001. Off-Farm Jobs and On-Farm Work in Periods of Boom and Bust in Rural China [J]. Journal of Comparative Economics，29：505-526.

后　　记

本书是在我的博士论文的基础上修改完成的,是南京农业大学经济管理学院周宏教授主持的国家自然科学基金项目"稻作制度选择、农户收入与国家粮食安全:长江流域双季稻区为例"(71473121)的研究成果之一。本书的选题主要来源于以下两方面:

一是在2012~2015年国家自然科学基金项目(71173109)的研究过程中,我发现双季稻的字眼或多或少地出现在气候变化、产量波动和生产效率等文献资料里,抱着疑问、不解,我查阅了双季稻的演变历史、种植区划和作用原理,并朦胧地意识到长江流域的双季稻演变与现阶段的农业结构调整和国家粮食安全之间还缺乏系统性、针对性的研究,由此激发了对这一空白领域探索的好奇心和动力。

二是自己少年时代的农村生活经历,随着研究的深入,一些关于水稻和双季稻种植的久远记忆被慢慢唤醒。我是在老家安庆市枞阳县汤沟镇一个沿江的村庄里快乐地长大的,父母是改革开放后几年就外出经商务工的农民工,我出生后不久就被父母托养于外公外婆家,可以说是中国第一批"留守儿童"。没有当前"输在起跑线"的焦虑感和幼儿园教育,我们成群结队、喜笑颜开地光着脚奔跑,下塘摸藕、捉螃蟹和爬树掏鸟窝,奔跑在农村的土路上、广阔的田野间,体验着农村、自然和自由。

农村的生活离不开农活,不论我们多小,这个都仿佛是宿命。很小的时候,我们被带在田埂边呆坐着或玩耍,等稍长些,就要帮忙做点端茶倒水和看护的事情了。20世纪80年代末到90年代初,枞阳县沿江一带的水田还是种植双季稻的,依稀记得小学一二年级的时候,学校为照顾"双抢"要放几天假。每一年的那段时间都是幸福的,我们期盼的父母因为"双抢"而返乡,带回了好多的零食、玩具,村子里也因为人多一下子热闹起来。为了抢收、抢种,一家三代人齐上阵,广袤的沿江平原上都是老老少少忙碌的身影,从天麻麻亮,劳动到天黑,收割、脱粒、晾晒、作田、插秧到管护。这辛苦劳作的十来天里,属抢收那几天最为辛苦。村民们把白天里抢收的稻子用扁担挑回家，先是整齐堆砌在屋檐下，但往往不能停留太长时间，因为潮湿的稻子、稻禾堆在一起，有氧呼吸所产生的高温，夹杂着水汽，很容易使得稻米发芽，所以晚上父母及长辈们稍作休息后就要在稻场前用长棍支起白炽灯，趁着黑夜给稻谷脱粒，我们则需要把稻谷运到家里均匀平摊展开，以减少堆积可能引起的变质或腐坏。

与抢收相对应的，便是抢种的耕田环节。90年代，安徽沿江的农业机械化的普及程度还偏低，耕牛是主要的蓄力工具，村庄耕牛数量有限，导致抢种时耕牛服务紧俏，很多农户无法预约上牛耕的时间，印象最深的是，父亲和叔伯们用铁锹，一步一步地把整片田从四角依次翻铲过来，20多厘米深的铁铲，先左再右后下依次铲下，再把一整块泥土撬起后翻转打碎，一块一块地打碎，循环往复。时隔多年后，2015年暑期，我随课题组到湖南省农村入户调查时，又一次感受到了"双抢"那种疯狂的节奏，当地政府给我们联系的农户，因为抢收抢种而没有时间理会我们或者要求我们过一周再来采访，导致我们采用了修改调查路线以暂且绕过双季稻种植区的迂回战术。

在"以粮为纲"、农业税繁重和外出务工尚缺乏有效保障的八九十年代，辛苦的双季稻种植和劳作意味着家庭余粮的丰盈和家庭生计的可持续性，也是多少外出农民工安心的最后一道屏障。

90年代中期，父母在城市逐渐扎下根，我也幸运地转入了城市的学习和生活，告别了童年和少年时生活的农村。曾经有很长的一段时间，我认为自己应该跟农村无关了，我努力学习普通话而几乎忘记了方言，我激励自己将来一定要工作、生活在城市，直到有一天，我跨进农业经济管理专业，在2012年我们去农村调查的时候，一位师妹指着农户家后院一小见方的韭菜说是小麦的时候，我不经意地笑了，我突然意识到自己学农经专业是对的，因为我有基础啊！

思绪回到当前，本书的写作灵感和研究问题的提出，除了搜集文献资料的理性认识外，更多的还是源于农村生活经验的感性认识。若干年前回村，我问询了家乡很多农业生产方面的变化，特别是双季稻种植的现状，据村支书回忆，家乡一带的双季稻停种大约已有15年了，即使后来的粮价上涨、机械化程度提高和补贴政策的执行，双季稻种植也一直没有得到恢复。上述情况使得我不禁产生疑问：农户家庭弃种双季稻的根本原因是什么？在弃种的过程中，被农户家庭调配出去的劳动力干什么去了？被农户改制的稻田又种了什么？本书的研究内容所构建的农户稻作制度选择与家庭收入增长的分析框架，实际上正是对以上问题的思考和回答。

在本书的出版过程中，安庆师范大学经济与管理学院杨国才教授给予了积极关注，在出版资金的筹集上，杨教授提供了全额的资助，在这里表示诚挚的感谢。中国科学技术大学出版社的领导、审稿专家和编辑对书稿提出了细致的修改意见，为本书的出版付出了辛勤的汗水,在这里表示衷心的感谢。

最后,本书是在导师周宏教授悉心指导下完成的,整个研究过程无不凝聚着导师的经验、智慧和心血。当然,由于研究的具体工作和本书的最终撰写都由本人完成,书中难免有不妥和疏漏之外,敬请读者不吝赐教。

王全忠

2019 年 3 月 23 日于安庆